北京理工大学“双一流”建设精品出版工程

Experimental Guide of Basic Microbiology

基础微生物学实验指导

孙智杰　刘 芳 ◎ 主编

北京理工大学出版社
BEIJING INSTITUTE OF TECHNOLOGY PRESS

图书在版编目（CIP）数据

基础微生物学实验指导 / 孙智杰，刘芳主编. --北京：北京理工大学出版社，2022.1
ISBN 978-7-5763-0972-0

Ⅰ.①基… Ⅱ.①孙… ②刘… Ⅲ.①微生物学-实验-教材 Ⅳ.①Q93-33

中国版本图书馆 CIP 数据核字（2022）第 028989 号

出版发行 / 北京理工大学出版社有限责任公司
社　　址 / 北京市海淀区中关村南大街 5 号
邮　　编 / 100081
电　　话 / (010)68914775(总编室)
　　　　　(010)82562903(教材售后服务热线)
　　　　　(010)68944723(其他图书服务热线)
网　　址 / http://www.bitpress.com.cn
经　　销 / 全国各地新华书店
印　　刷 / 三河市华骏印务包装有限公司
开　　本 / 787 毫米×1092 毫米　1/16
印　　张 / 10.25
彩　　插 / 2
字　　数 / 238 千字
版　　次 / 2022 年 1 月第 1 版　2022 年 1 月第 1 次印刷
定　　价 / 36.00 元

责任编辑 / 封　雪
文案编辑 / 封　雪
责任校对 / 刘亚男
责任印制 / 李志强

前言

微生物学是生物学中具有独特实验技术的学科。作为微生物学的实践环节，“微生物学实验”是生命科学类相关专业的基础实验课程，是培养未来生命科学工作者掌握必备实验方法和技术的必修环节。微生物学实验可通过激发学生的学习兴趣、验证微生物学理论、帮助学生理解和掌握微生物学的基本原理及研究方法，培养学生的基本专业素养，对提高其独立科研能力具有重要作用，同时也为后续的专业实验课程如分子生物学实验和细胞生物学实验等知识和技能的学习奠定必要的专业基础。

由于培养目标的不同、实验条件的差别，各个高校开设的微生物学实验课程内容有较大不同。本书是在以学生实验能力和创新意识培养为教学目标、以“从基础培养到综合设计”为实验教学内容纲要，在长期使用的内部讲义基础上经过不断的改进和充实编写而成的。书中涵盖了微生物学实验的基本实验技术内容与方法，是与基本教学条件、教学目标及教学大纲相匹配，可以切实应用到微生物学实验教学中的实用性教学参考范本。编写上注重补充介绍与各实验主题相关的知识内容，以促进使用者对该实验内容的全面理解和把握，在实验方法的编写上内容翔实、注重细节，具有很强的指导性、可操作性，是一本编写别具特色的工科类院校生物技术、生物工程等相关专业微生物学实验教程参考书。

本书分为微生物学基础实验技术介绍、基础性实验、综合性实验及附录4个部分，共含19个实验，包括基础性实验11个以及综合性实验8个。基础性实验部分涉及微生物基本形态的观察以及分离纯化的基本实验技术与方法、微生物的生长与代谢的检测、遗传育种等内容，在实际课堂教学中每个实验一般可安排5学时完成实验教学。综合性实验部分为微生物学综合应用性实验，涉及微生物检测、微生物选育、微生物发酵等技术实践，在实际课堂教学中可根据培养方案及教学条件选择其中部分实验开展教学，一般每个实验可安排8学时以上完成实验教学。

微生物学基础实验技术介绍部分主要由孙智杰编写，微生物学实验内容及附录部分主要由刘芳编写。全书由刘芳统稿和审阅。编写工作得以完成，凝集了参编者的共同努力，在此也向对本书编写给予支持和帮助的相关老师以及领导致以诚挚的感谢，但由于水平及能力有限，书中难免存在不足和疏漏之处，恳请同行和读者指正。

编　者

2021 年 7 月

目　录
CONTENTS

微生物学实验室介绍

主要应用于微生物学、生物医学、生物化学、动物实验、基因重组以及生物制品等研究使用的实验室统称生物安全实验室。根据实验室所处理对象的生物危害程度和采取的防护措施，生物安全实验室分为四级。

微生物学实验室是进行微生物学实验教学及微生物学研究的场所。微生物学实验室的安全要求和使用要求，要不同于一般的实验室工程或净化工程。

微生物生物安全实验室可采用 BSL-1、BSL-2、BSL-3、BSL-4 表示相应级别的实验室。各级实验室的生物安全防护要求依次为：一级最低，四级最高。

BSL-1 实验室：实验室结构和设施、安全操作规程、安全设备适用于对健康成年人已知无致病作用的微生物，如用于教学的普通微生物实验室等。

BSL-2 实验室：实验室结构和设施、安全操作规程、安全设备适用于对人或环境具有中等潜在危害的微生物。

BSL-3 实验室：实验室结构和设施、安全操作规程、安全设备适用于主要通过呼吸途径使人传染上严重的甚至是致死疾病的致病微生物及其毒素，通常已有预防传染的疫苗。

BSL-4 实验室：实验室结构和设施、安全操作规程、安全设备适用于对人体具有高度的危险性，通过气溶胶途径传播或传播途径不明，目前尚无有效的疫苗或治疗方法的致病微生物及其毒素。

微生物学实验室规则

一、学习管理

（1）自觉遵守课堂纪律、维护课堂秩序，不迟到，不早退，不大声喧闹。提前 10～15 min 进入实验室，迟到 15 min 不得进入实验室（注意：将与实验无关的书、水杯及其他用品置于书包柜内，不得带入实验室）。

（2）实验前要认真预习，掌握实验目的、原理、步骤、要求；了解每一实验步骤的操作方法、意义和所用仪器的使用方法后方可进行实验，实验要严格按规程进行。要按规定时间上课，因故不能做实验者应向指导教师请假，所缺实验要在期末本课程考核时间结束前按指定时间全部补齐，否则不得参加本课程考核。实验结果和数据记录在实验记录本上。实验完成后经教师检查同意后，方可离开实验室。

（3）学生必须按照实验安排学时数在规定的学时内完成实验，若因没有做好实验预习而导致实验时间延迟，则酌情扣减部分实验成绩。

（4）微生物实验一般要经过 24～72 h 培养后，方可观察结果，故所有同学要在指定的时间、地点观察结果、认真做好实验结果记录。

二、仪器使用管理

为确保实验仪器设备的正常使用，要求参加实验的所有人员遵守仪器使用管理规定。

（1）对各种仪器设备不得随意挪动，不得任意更改仪器的设置及随意拧开关和调节器等。

（2）使用仪器时，应小心仔细，防止损坏（首次使用仪器时，需经过实验技术人员的同意，经过指导方能使用；使用时严格按照操作规程进行）。

① 使用贵重精密仪器时，应严格遵守操作规程（使用中不可自行设置仪器内部数据），发现故障立即停止使用并报告指导教师（在每次使用仪器后，都要做好仪器使用情况记录），不可自行拆卸修理。

② 空调、计算机等不可自行打开，不可随意从计算机内存取数据。

③ 仪器使用中防止溶液污染仪器，一旦污染，要及时处理；同时要做好自身防护工作，以免中毒。

④ 爱护公共财物和各种玻璃器皿，节约实验材料，凡不按操作规程，损坏实验器材或设备者应立即报告实验教师，并按照“设备、器材损坏丢失赔偿管理办法”的有关规定进行赔偿。

1. 离心机使用管理

（1）使用离心机必须经过指导教师允许，不经允许不得擅自使用。

（2）使用离心机实行双人负责制，需 2 位使用人同时在大型仪器设备使用登记簿上登记、签字，记录使用前、使用过程中仪器状况。

（3）使用者必须熟悉整个离心机的操作规程和操作程序，不按操作规程使用者，一旦出现问题，后果由使用者承担。

2. 分光光度计使用管理

（1）使用分光光度计时，要求使用者必须熟悉分光光度计的操作规程和操作程序，使用过程中不得使溶液污染仪器，注意保持仪器清洁。

（2）使用分光光度计实行双人负责制，需 2 位使用人同时在大型仪器设备使用登记簿上登记、签字，记录使用前、使用过程中仪器状况。

3. 培养箱的使用管理

培养箱是用于微生物培养的必备仪器。培养箱的使用要求包括：

（1）不得随意更改培养箱设定的培养温度、培养时间；培养结束时及时取出培养物，进行观察并记录培养结果。

（2）在培养箱内存放物品时必须在培养箱的登记表上标注登记：物品名称、组别、保存日期和取出时间。

（3）凡因培养箱内有物品未及时清理而导致培养箱空间不够，需责令相关存放物品人员立即把物品腾出并清洗干净。

（4）培养结束后，按要求及时处理培养物并清洗培养皿。

4. 冰箱的使用管理

（1）在冰箱内存放物品时必须在冰箱的登记表上标注登记：物品名称、保存日期和取出时间等。

（2）因冰箱内有过期物品没有及时清理而导致冰箱空间不够时，需责令相关存放物品人员立即把物品腾出并清洗干净。

5. 实验用蒸馏水管理

（1）蒸馏水主要用于配制培养基，或加入高压蒸汽锅内灭菌使用。

（2）若蒸馏水瓶有漏水现象，必须迅速处理，避免浪费。

（3）清洗实验器材时使用自来水，清洗干净后可用蒸馏水润洗，有特殊要求的玻璃仪器需用蒸馏水清洗。

6. 借物须知

实验过程中所借物品归还时必须清洗干净（所借物品须登记），若有损坏须酌情赔偿。借物不归还或不清洗干净者，将据情节扣除部分实验成绩，并停止向其借出任何实验物品。

三、安全管理

（1）学生和相关实验人员必须穿实验服进入实验室，除实验指导书、记录本等实验必需物品外，严禁将其他与实验无关物品带入实验室内。

① 非实验室工作人员不得进入本实验室。

② 不得穿拖鞋进入实验室。

③ 实验过程中不允许使用手机接听电话或娱乐，实验室内的任何物品不得带出实验室。

④ 禁止在实验室工作区域进食、饮水、吸烟、化妆和处理隐形眼镜，不得随地吐痰、扔碎纸。

⑤ 在实验台上不可放置任何非实验必须的物件或私人用品。

⑥ 每次实验开始及结束时，必须清理并用杀菌液擦拭台面。

（2）实验中使用的微生物样品，在处理时均须遵守以下规则：

① 实验用过的物品要妥善处理，以免污染环境和损害自己。

② 若有微生物样品打翻，必须以吸满杀菌液之卫生纸加以覆盖 15 分钟后，才可移除卫生纸，并依照一般微生物实验室的废弃物处理办法加以处理。

③ 在搬移盛微生物样品的容器时必须加盖，以免菌液溢出污染实验室。

④ 实验时，若不慎将菌液吸入口中，或发生了污染衣物、桌面、地面等事故，应立即报告实验指导教师，及时处理。

（3）学生在实验过程中要遵守操作规程，应按照教师的要求，树立无菌观念，严格按照生物安全操作规范进行操作。做实验要严肃认真，仔细观察，积极分析思考，如实记录实验数据。

（4）实验室内要保持安静，有秩序，不得大声讲话；上课时要服从指导、保持肃静、遵守纪律，不准动用与本实验无关的仪器设备。

（5）使用酒精灯要注意安全，切勿在点燃的情况下调整灯芯或添加酒精。勿使酒精、醋酸等易燃物品接近火焰。如遇火险，应先关掉火源，再用湿布或沙土覆盖灭火。

（6）使用微波炉、高压锅、离心机等仪器时必须有人看管。

（7）实验过程中要小心仔细，全部操作要严格按规程进行，一旦有盛菌试管或瓶不慎打破、皮肤划伤或菌液吸入口中等意外情况发生，应立即报告教师，及时处理，切勿隐瞒。

（8）进行高压蒸汽灭菌时，严格遵守操作规程，负责灭菌的同学在灭菌过程中不准离开实验室，并经常观察灭菌锅工作情况，以免发生意外。

（9）实验室意外处理：黏膜、皮肤或身体表面的紧急处理多为以大量清水冲洗，若有出血状况，可先用干净的肥皂清洗，再以清水冲洗，盖上干净纱布，迅速送医治疗；注意不能任意使用消毒剂、杀菌剂等进行紧急处理，以免造成更严重的伤害；意外事件发生时务必立刻通知负责老师及助教，以便及时给予协助。

四、卫生管理

（1）每次实验结束时安排 4~5 名学生进行实验室的清理。

（2）垃圾处理：

① 打碎的玻璃制品，须放到专用碎玻璃回收桶内。

② 琼脂培养基及海藻酸钠等普通固体垃圾，先用废报纸包好，再倒入垃圾桶里，严禁将其倒在水槽内，以免堵塞下水管。带菌的固体培养基须经消毒处理后，再进行处置。

③ 废液需经无害化处理后才能倒入下水道。不能自行处理的废液则需统一收集存放，交由有关部门处理。液体培养基经消毒液处理后，倒入厕所下水道。

（3）实验台面卫生：实验完毕后须清理个人使用的实验台面。

① 实验用过的玻璃器皿一定要清洗干净。

② 实验结束后将实验药品、试剂及小型仪器等归到原位或放至指定位置摆放整齐，保持台面无杂物。

③ 实验药品用完后，应立即将瓶盖盖严放回原处；药匙、玻璃棒不可放在试剂瓶内；如试剂、药品不慎洒在实验台面和地上，应立即清理。

（4）值日生在实验结束后要整理实验台面和打扫地面卫生，关闭水、电源、门、窗后，经指导教师同意方可离开实验室。

（5）注意节水、节电、节约试剂。用过的有毒、有害物品及其污染物应放在指定处，由指导教师统一进行无害处理。

（6）离开实验室前，应用洗手液清洗双手。

如果进入实验室前已经认真阅读并熟知上述微生物学实验室规则，请签字。

实验室一般安全急救规则

实验室一般安全急救规则表

序号	险情	紧急处理
1	火险 （1）酒精、乙醚或汽油等着火 （2）衣服着火	立刻关闭电源、煤气，使用灭火器、沙土和湿布灭火 使用灭火器或沙土或湿布覆盖，勿以水灭火 可就地或靠墙滚转
2	外伤	先除去创面异物，用蒸馏水洗净，涂以碘酒或红汞
3	火伤、灼伤	用流动的清水冲洗伤口，涂烫伤膏，或涂5%鞣酸、龙胆紫液等
4	强酸、溴、氯、磷等酸性药品灼伤	先以大量清水冲洗，再用5%重碳酸钠或氢氧化铵溶液擦洗以中和酸
5	强碱、氢氧化钠、金属钠、钾等碱性药品灼伤	先以大量清水冲洗，再用5%硼酸溶液或醋酸溶液冲洗以中和碱
6	石碳酸灼伤	以浓酒精擦洗（石碳酸不溶于水），可用酒精中和，中和后再用大量清水冲洗
7	眼灼伤	先以大量清水冲洗
8	眼被碱液灼伤	以5%硼酸溶液冲洗，然后于滴入橄榄油或液体石蜡1~2滴以滋润之
9	眼被酸液灼伤	以5%重碳酸钠溶液冲洗，然后再滴入橄榄油或液体石蜡1~2滴以滋润之
10	食入腐蚀性物质 （食入酸、碱）	立即以大量清水漱口，并服镁乳或牛乳等，勿服催吐药
11	吸入菌液	立即大量清水漱口，再以1∶1000高锰酸钾溶液漱口

微生物实验行为规范成绩评定方法

为了培养学生良好的实验行为规范与习惯，特制定微生物实验行为规范成绩评定方法，实验课程（总分为100分）中设定10分为实验行为规范成绩（最高分为10分，最低分为0分）。具体评定方法如下。

（1）实验课迟到者，扣1分。

（2）无故缺席实验者，扣3分。

（3）不穿实验服做实验者，扣1分。

（4）不写实验记录者，扣1分。

（5）实验结束后，不整理桌面、不将使用的器材清洗、整理干净并归位者，扣1分。

（6）向水池扔堵塞下水道的废物者，扣2分并赔偿相应损失。

（7）使用仪器设备未按要求操作造成仪器损坏者，根据损坏情况扣2~5分并按仪器损坏赔偿制度给予赔偿。

（8）使用酒精灯造成实验台面损坏或使用强酸、强碱等溶液腐蚀实验台面者，扣2分并赔偿相应损失。

（9）使用分光光度计时，将比色皿放在仪器台面上，使台面腐蚀、污染者，扣2分并赔偿相应损失。

（10）使用仪器后不按要求填写仪器使用记录者，扣1分。

（11）值日工作不认真，不整理实验所使用的仪器和实验台面者，扣1分。不参加值日生工作者，扣2分。

（12）实验操作过程中，不按操作要求称量、移取试剂，造成仪器损坏或试剂污染，扣5分并赔偿相应试剂费用。

（13）没有经过教师允许，擅自动用实验室仪器者，扣1分。

（14）实验课堂中接听手机者，扣1分。

（15）其他违反实验室有关规定者，根据实际情况做出相应的处理。

（16）对实验习惯表现突出者给予1~5分奖励。

（17）学生实验行为规范评定成绩为0分的学生必须重修该门实验课程。

第一部分　微生物学基础实验技术介绍

Ⅰ　微生物学实验常用实验器材介绍

一、微生物学实验室常用的器皿种类、要求与应用

1. 试管（test tube）

微生物学实验室所用玻璃试管，其管壁必须比化学实验室用的厚些，这样在加塞试管帽时，管口才不会破损。试管的形状要求没有翻口，若用翻口试管，不便于加盖试管帽。有的实验要求尽量减低蒸发试管内的水分，则需使用螺口试管，盖以螺口塑料帽。

试管的大小可根据用途的不同，分为下列三种型号。

（1）大试管（约 ϕ18 mm×180 mm）：可盛放倒平板用的培养基；亦可作制备琼脂斜面用（需要大量菌体时用）和盛液体培养基。

（2）中试管（约 ϕ（13~15）mm×（100~150）mm）：盛液体培养基或作琼脂斜面用，亦可用于病毒等的稀释和血清学试验（图Ⅰ-1）。

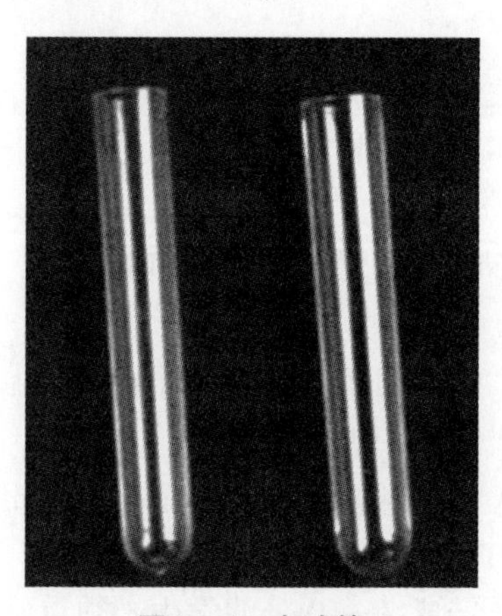

图Ⅰ-1　中试管

（3）小试管（ϕ（10~12）mm×100mm）：一般用于糖发酵试验或血清学试验，和其他需要节省材料的试验。

2. 德汉氏小管（Durham tube）

德汉氏小管，也叫杜氏小管，又称发酵小套管。观察细菌在糖发酵培养基内产气情况

时，一般在小试管内再套一倒置的小套管（约 ϕ6 mm×36 mm）；在采用多管发酵法测定水中大肠菌群时，必须放置杜氏小管（图Ⅰ-2）。

图Ⅰ-2　杜氏小管（德汉氏小管）

放置杜氏小管的方法：首先将试管中装满培养液，然后用医用注射器吸取一定量培养液，排空其中空气，将针头伸到杜氏小管底部（防止气泡产生），缓缓将培养液推入杜氏小管直到凸起（表面张力作用），再至过量以至培养液润湿杜氏小管外表。因培养液具有一定黏滞力，它可使湿润的杜氏小管贴着试管放入时慢慢滑到试管底部，而不撞破试管底部。

3. 吸管（又称移液管，pipette）

（1）玻璃吸管（glass pipette）：微生物学实验室一般要准备 1、5、10 mL 刻度的玻璃吸管（图Ⅰ-3）。市售细菌学用吸管，有的在吸管上端刻有“吹”字，其刻度指示的容量包括管尖的液体体积，使用时要注意将所吸液体吹尽，故有时称为“吹出”吸管。

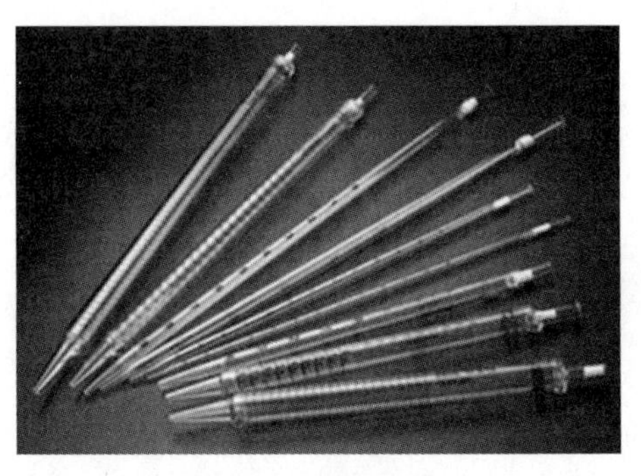

图Ⅰ-3　玻璃吸管

除有刻度的吸管外，有时需用不计量的毛细吸管（又称滴管），来吸取动物体液和离心上清液以及滴加少量抗原、抗体等。

（2）移液器（piston pipette）：主要用来吸取微量液体，故又称微量吸液器或微量加样器。其外形和结构如图Ⅰ-4 所示，除塑料外壳外，主要部件有按钮、弹簧、活塞和可装卸的吸嘴。按动按钮，通过弹簧使活塞上下活动，从而吸进和放出液体。其特点是容量固定，使用时不用观察刻度，操作方便、迅速。国内产品一般每个活塞吸管固定一种容量，分别有

5、10、20、25、50、100、200、500、1000 μL 等不同容量。而精制的活塞吸管每个在一定的范围内可调节几个容积，例如在 5～25μL 的范围内，可调节 5、10、15、20、25 μL 五个不同的量，使用时按需要调节，但当调节固定后，每吸一次，容量仍是固定的。用毕只需调换吸嘴或将吸嘴洗净，消毒后再行使用。

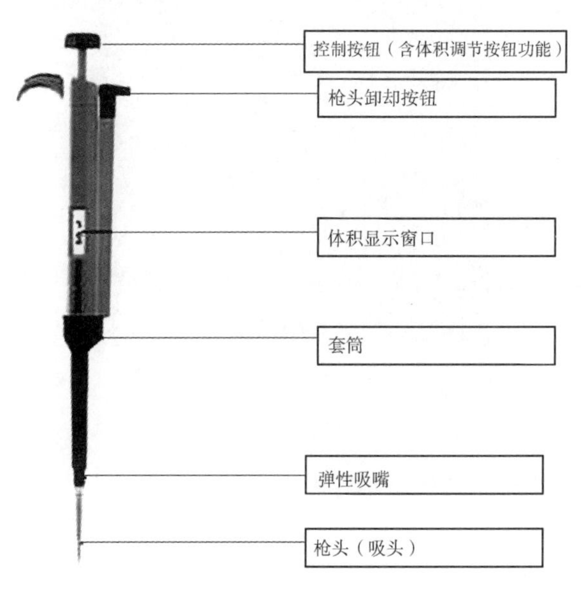

图 I -4　移液器

4. 培养皿（petridish）

常用的培养皿（图 I -5），皿底直径 90 mm，高 15 mm。培养皿一般均使用玻璃皿盖，但有特殊需要时，可使用陶器皿盖，因其能吸收水分，使培养基表面干燥，例如测定抗生素生物效价时，培养皿不能倒置培养，则用陶器皿盖为好。

图 I -5　培养皿

在培养皿内倒入适量固体培养基制成平板，用于分离、纯化、鉴定菌种、微生物计数以及测定抗生素、噬菌体的效价等。

5. 三角瓶（erlenmeyer flask）与烧杯（beaker）

三角瓶有 100、250、500、1000 mL 等不同的大小，常用来盛无菌水、培养基和摇瓶发酵等（图 I -6）。常用的烧杯有 100、250、500、1000 mL 等，用来配制培养基(图 I -7)。

图 I -6　三角瓶

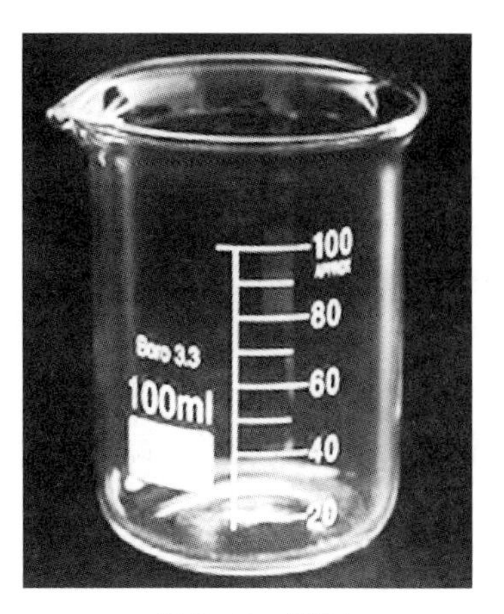

图 I -7　烧杯

6. 载玻片（slide）与盖玻片（cover slip）

普通载玻片大小为 75 mm×25 mm，用于微生物涂片、染色，作形态观察等（图 I -8）。盖玻片为 18 mm×18 mm。

凹玻片是在一块厚玻片的当中有一圆形凹窝，作悬滴观察活细菌以及微室培养用(图 I -9)。

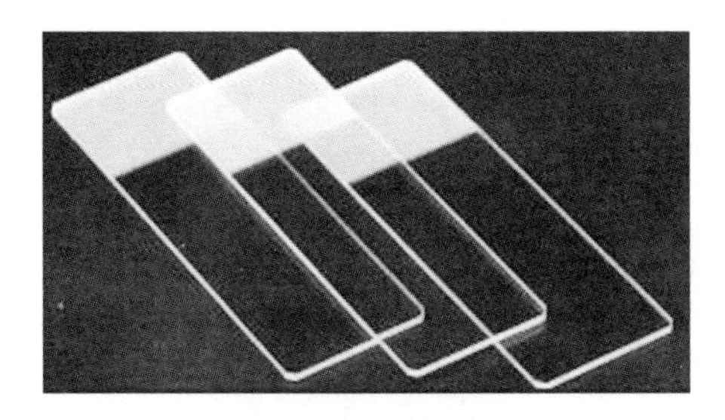

图 I -8　载玻片

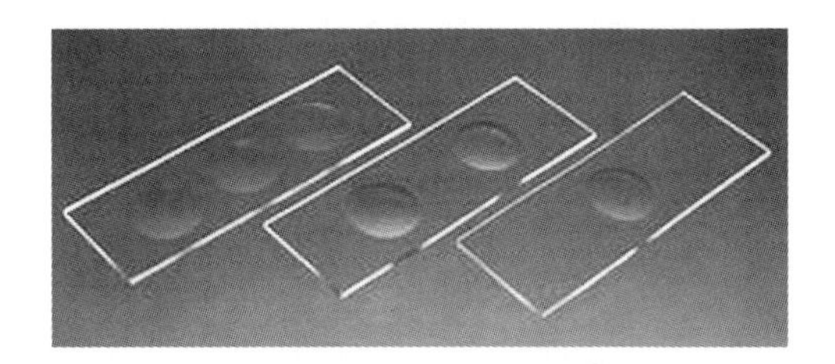

图 I -9　凹玻片

7. 双层瓶（double bottle）

由内外两个玻璃瓶组成，内层小锥形瓶盛放香柏油，供油镜头观察微生物时使用，外层瓶盛放二甲苯，用以擦净油镜镜头（图 I -10）。

8. 滴瓶（dropper bottle）

滴瓶用来装各种染料、生理盐水等（图 I -11）。

图 I -10　双层瓶

图 I -11　滴瓶

9. 接种工具

接种工具有接种环（inoculating loop）、接种针（inoculating needle）、接种钩（inoculating hook）、接种铲（inoculating shovel）、玻璃涂布器（glass spreader）等（图I-12、图I-13）。制造环、针、钩、铲的金属可用铂或镍，原则是软硬适度，能经受火焰反复烧灼，又易冷却。接种细菌和酵母菌用接种环和接种针，其铂丝或镍丝的直径以 0. 5 mm 为适当，环的内径约 2 mm，环面应平整。接种某些不易和培养基分离的放线菌和真菌，有时用接种钩或接种铲，其丝的直径要求粗一些，约 1 mm。用涂布法在琼脂平板上分离单个菌落时需用玻璃涂布器，是将玻棒弯曲或将玻棒一端烧红后压扁而成。

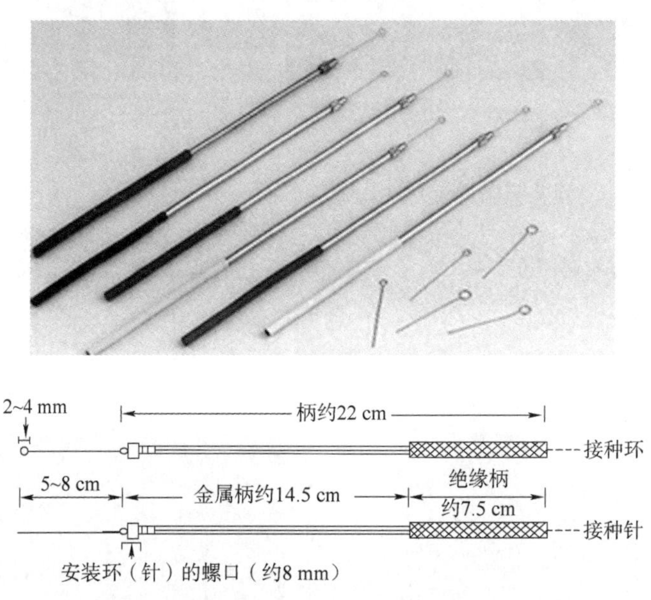

图 I -12　接种环、接种针

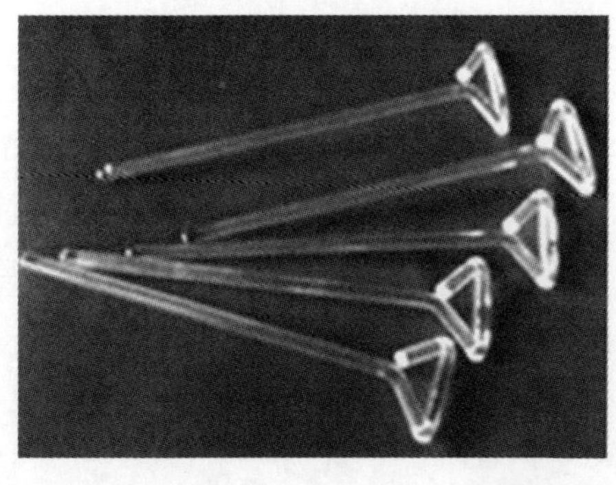
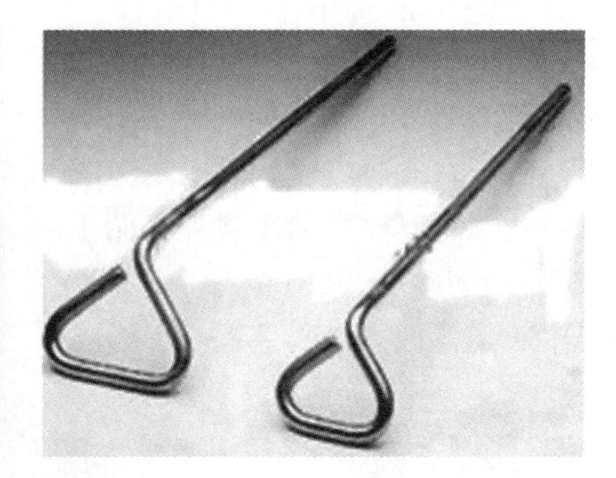

图 I -13　涂布器

二、微生物实验玻璃器皿的清洗方法

清洁的玻璃器皿是实验得到正确结果的先决条件，因此，玻璃器皿的清洗是实验前的一项重要准备工作。清洗方法根据实验目的、器皿的种类、所盛放的物品、洗涤剂的类别和污渍程度等的不同而有所不同。现分述如下：

（一）新玻璃器皿的洗涤方法

新购置的玻璃器皿含游离碱较多，应在酸溶液内先浸泡数小时。酸溶液一般用2%的盐酸或洗涤液。浸泡后用自来水冲洗干净。

（二）使用过的玻璃器皿的洗涤方法

1. 试管、培养皿、三角瓶、烧杯等的洗涤

可用瓶刷或海绵沾上洗涤剂或洗衣粉等刷洗，然后用自来水充分冲洗干净。洗衣粉较难冲洗干净而常在器壁上附有一层微小粒子，需用水多次充分冲洗，或可用稀盐酸摇洗一次，再用水冲洗，然后倒置于铁丝框内或有空心格子的木架上，在室内晾干。急用时可盛于框内或搪瓷盘上，放烘箱烘干。

玻璃器皿经洗涤后，若内壁的水是均匀分布成一薄层，表示油垢完全洗净，若挂有水珠，则还需用洗涤液浸泡数小时，然后再用自来水充分冲洗。

装有固体培养基的器皿应先将其刮去，然后洗涤。带菌的器皿在洗涤前先浸泡在84消毒液内24 h或煮沸0.5 h，再用上法洗涤。带病原菌的培养物最好先行高压蒸汽灭菌，然后将培养物倒去，再进行洗涤。

盛放一般培养基用的器皿经上法洗涤后，即可使用。若需精确配制化学药品，或做科研用的精确实验，要求自来水冲洗干净后，再用蒸馏水淋洗三次，晾干或烘干后备用。

2. 吸过糖溶液、血液、血清或染料溶液等的玻璃吸管的洗涤

使用后应立即投入盛有自来水的量筒或标本瓶内，免得干燥后难以冲洗干净。量筒或标本瓶底部应垫以脱脂棉花或薄海绵，否则吸管投入时容易破损。待实验完毕，再集中冲洗。若吸管顶部塞有棉花，则冲洗前先用水将棉花冲出，再用水反复冲洗吸管，必要时再用蒸馏水淋洗。洗净后，放搪瓷盘中晾干，若要加速干燥，可放烘箱内烘干。

“吸过含有微生物培养物的吸管”应立即投入盛有84消毒液的量筒或标本瓶内，24 h后方可取出冲洗。

吸管的内壁如果有油垢，同样应先在洗涤液内浸泡数小时，然后再行冲洗。

3. 载玻片与盖玻片的洗涤

用过的载玻片与盖玻片如滴有香柏油，要先用皱纹纸擦去或浸在二甲苯内摇晃几次，使油垢溶解，再在洗衣粉水中煮沸5~10 min，用软布或脱脂棉花擦拭，立即用自来水冲洗，然后在稀洗涤液中浸泡0.5~2 h，自来水冲去洗涤液，最后用蒸馏水换洗数次，待干后浸于95%酒精中保存备用。使用时在火焰上烧去酒精。用此法洗涤和保存的载玻片和盖玻片清洁透亮，没有水珠。检查过活菌的载玻片或盖玻片应先在84消毒液中浸泡24 h，然后按上法洗涤与保存。

三、微生物实验空玻璃器皿的包装

1. 培养皿的包装

培养皿常用旧报纸密密包紧，一般以8~10套培养皿作一包，少于8套工作量太大，多于10套不易操作。包好后可使用湿热灭菌。如将培养皿放入钢筒内进行灭菌，则不必用纸包，钢筒里面放一装培养皿的带底框架，此框架可自圆筒内提出，以便装取培养皿（图I-14）。

图Ⅰ-14　培养皿的包装

2. 吸管的包装

准备好干燥的吸管，在距其粗头顶端约 0.5 cm 处，塞一小段约 1.5 cm 长的棉花，以免使用时将杂菌吹入其中，或不慎将微生物吸出管外。棉花要塞得松紧恰当，过紧，吹吸液体太费力；过松，吹气时棉花会下滑。然后分别将每支吸管尖端斜放在旧报纸条的近左端，与报纸约呈 45°角，并将左端多余的一段纸覆折在吸管上，再将整根吸管卷入报纸，右端多余的报纸打一小结（图Ⅰ-15）。如此包好的很多吸管可再用一张大报纸包好，进行灭菌。如果有装吸管的铁筒，亦可将分别包好的吸管一起装入铁筒，进行灭菌（图Ⅰ-16）；若预计一筒灭菌的吸管可一次用完，亦可不用报纸包而直接装入铁筒灭菌，但要求将吸管的尖端插入筒底，粗端在筒口，使用时，铁筒卧放在桌上，用手持粗端拔出。

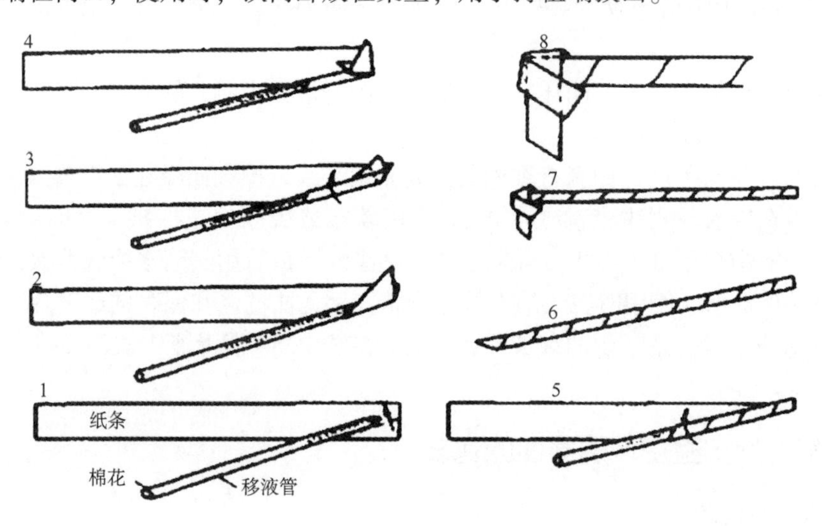

图Ⅰ-15　吸管包装

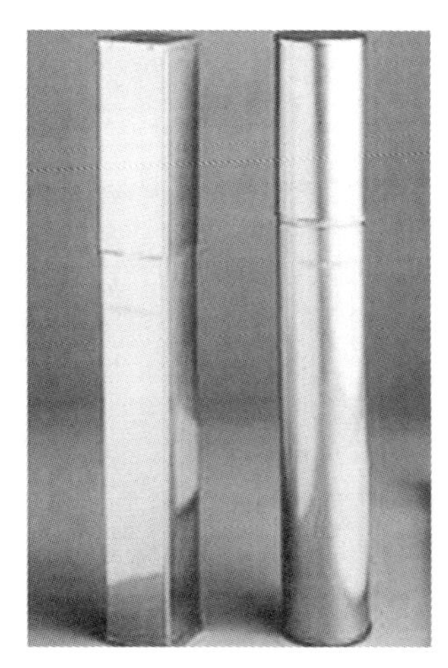

图Ⅰ-16　装吸管的铁筒

3. 试管和三角烧瓶等的包装

试管管口塞以试管帽，塞好试管帽的试管可一起装在大烧杯或铁丝篓中，再用大张报纸将试管口做一次包扎，包纸的目的在于保存期避免灰尘侵入。如果试管是盖用塑料帽，则宜湿热灭菌（图Ⅰ-17）。

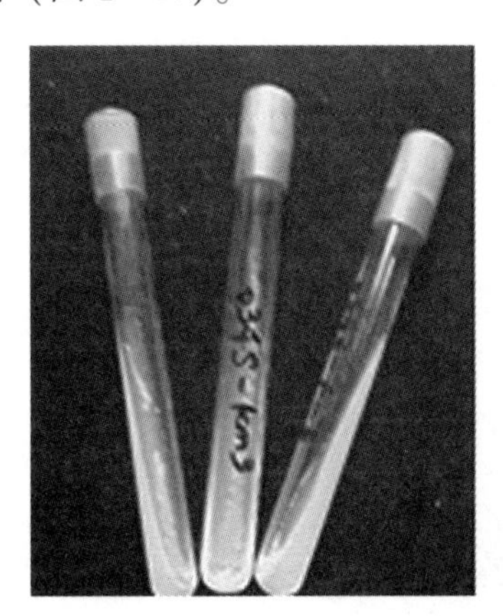

图Ⅰ-17　试管的包装

三角瓶瓶口用封口膜或胶塞、棉塞封口，用棉塞需要在瓶口的外面用牛皮纸或两层报纸（不可用油纸）用细线或橡皮筋包扎好，进行灭菌（图Ⅰ-18）。

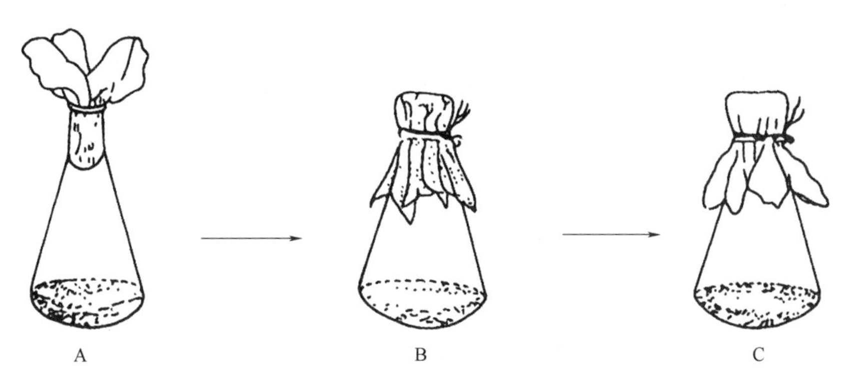

图Ⅰ-18　三角烧瓶的包装

图Ⅰ-18　三角烧瓶的包装（续）

空的玻璃器皿一般用干热灭菌，若需湿热灭菌，则要多用几层报纸包扎，外面最好再加一层牛皮纸。

Ⅱ　微生物显微技术介绍（显微镜油镜使用）

微生物个体微小，必须借助显微镜才能观察到它们的个体形态和细胞结构。显微技术是微生物学研究最常用的技术之一。实验室中常用的显微镜的种类有：普通光学显微镜、暗视野显微镜、相差显微镜、荧光显微镜和电子显微镜等。其中普通光学显微镜是微生物检验和研究最为常用的显微镜。

一、普通光学显微镜的结构和基本原理

一般光学显微镜包括机械装置和光学系统两大部分，如图Ⅱ-1所示。

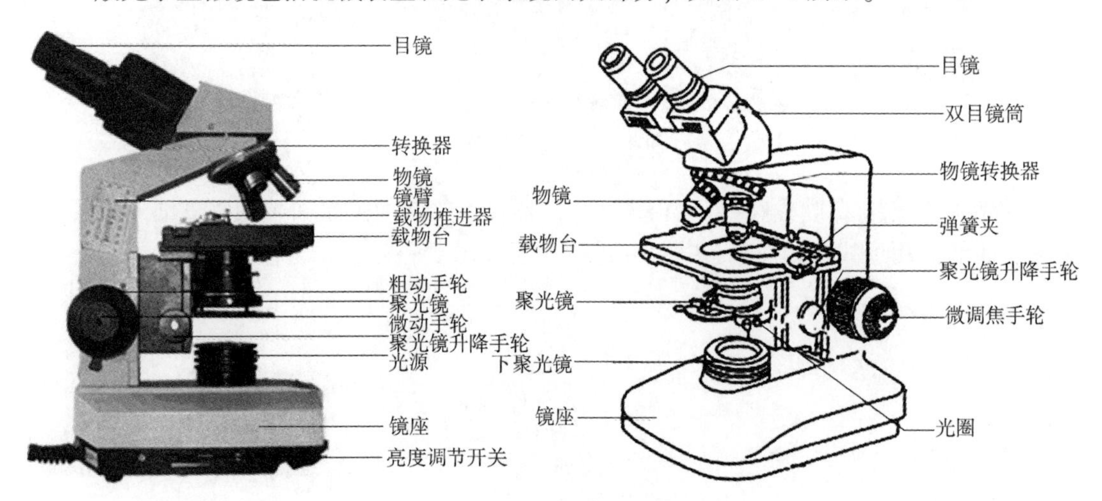

图Ⅱ-1　显微镜的结构

光学系统一般包括目镜、物镜、聚光器和光源等；机械装置一般包括镜筒、镜臂、镜柱、镜座、镜台（载物台）、调节器、物镜转换器（旋转器）等。在显微镜的光学系统中，

物镜的性能最为关键，它与显微镜的分辨率密切相关。在普通光学显微镜通常配置的几种物镜中，油镜的放大倍数最大，在微生物学研究中最常用。目镜只起放大作用，不能提高分辨率，目镜的放大倍数是 10 倍。聚光镜是一组透镜，用以聚集光线增强视野的亮度，对提高物镜分辨率非常重要。调节光栅，可以控制光线的强弱，使物像变得更清晰。

二、显微镜油镜的工作原理

在显微镜的光学系统中，物镜的性能最为关键，它直接影响着显微镜的分辨率。普通光学显微镜一般有 3~4 个物镜，其中最短的刻有“10×”符号的为低倍镜，较长的刻有“40×”符号的为高倍镜，最长的刻有“100×”符号的为油镜。

物镜的一个主要参数是数值孔径（N. A.），它反映该物镜分辨率的大小，数值孔径越大，表示分辨率越高（表Ⅱ-1）。

数值孔径 N. A. $=n \cdot \sin(\alpha/2)$

n 为介质的折射率；α 为镜口角，即物镜前面的发光点进入物镜的角度。

表Ⅱ-1 物镜的数值孔径

物镜	数值孔径（N. A.）	工作距离/mm
10×	0. 25	5. 40
40×	0. 65	0. 39
100×	1. 30	0. 11

工作距离是指显微镜处于工作状态（物象调节清楚）时物镜的下表面与盖玻片（盖玻片的厚度一般为 0. 17mm）上表面之间的距离，物镜的放大倍数愈大，它的工作距离愈小。

显微镜的放大倍数是物镜的放大倍数与目镜的放大倍数的乘积，如物镜为 10×，目镜为 10×，其放大倍数就为 10×10＝100。

显微镜性能的优劣决定于其分辨率的大小。分辨率为显微镜分辨出两个物点最小距离的能力，分辨距离越小其分辨率越高；分辨距离越大，则分辨率越低。所以，分辨率是以分辨距离来表示的，并与分辨距离成反比。分辨率是由所用光的波长和物镜数值孔径决定的，其计算公式为：

$$d=0.61\times(\lambda/\text{N. A.})\quad \text{N. A}=n\cdot\sin(\alpha/2)$$

式中，d 为分辨距离；λ 为所使用光线的波长；N. A. 为物镜的数值孔径；n 为介质的折射率；$\sin(\alpha/2)$为透镜视锥半顶角的正弦。目前，在实用范围内物镜的最大数值孔径为 1. 4，可见光最短波长为 0. 4 μm。由此可见，光学显微镜最大的分辨率均为 0. 2 μm，大约为可见光最短波长的一半。

减小使用光的波长或增加数值孔径都可以提高分辨率。由于利用减小光波长度来提高光学显微镜分辨率是有限的，因此提高数值孔径是提高分辨率的理想措施。实际中可通过提高介质折射率来增加数值孔径。香柏油的折射率为 1. 51，与载玻片的折射率（1. 52）相近，因此以香柏油作为镜头和玻片之间的介质，可使光线不发生折射而直接通过载玻片、香柏油进入物镜，从而提高分辨率（油镜的分辨率可达到 0. 2 μm 左右）。同时，由于进入镜头的光线增加，也增加了照明亮度（图Ⅱ-2）。

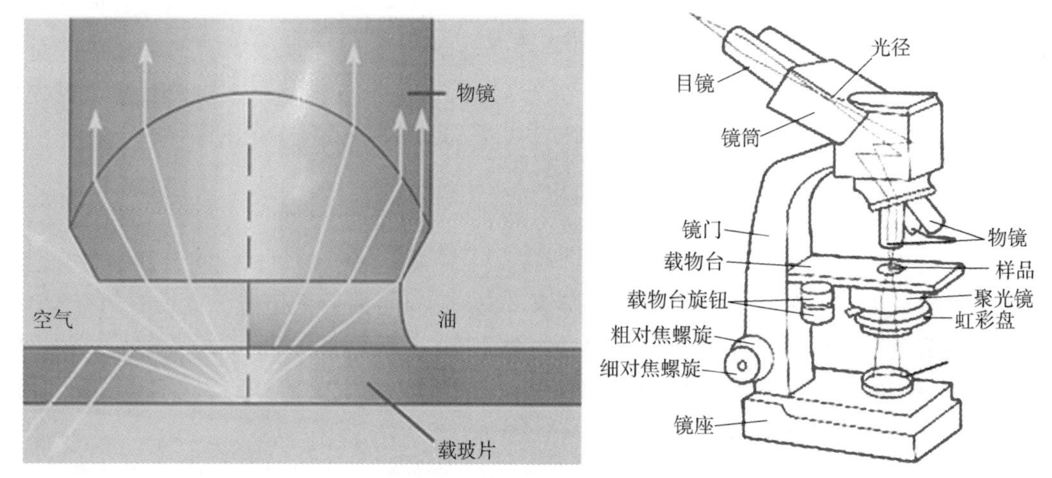

图Ⅱ－2 油镜工作原理

三、普通光学显微镜的使用方法

（一）观察前的准备工作

（1）显微镜的安置。置显微镜于平整的实验台上，镜座距实验台边缘约 4~5 cm，镜检时姿势要正确，观察时双眼要同时睁开，一边观察一边进行记录或描绘。（**注：取、放显微镜时一手握住镜臂，一手托住底座，使显微镜保持直立、平稳，切忌用单手拎提**）。

（2）观察时所用的材料、药品和各种器具要预先准备好。

（3）显微镜使用之前应检查一下显微镜的各个部件是否完整和正常，并对载物台、目镜、物镜以及聚光器上端透镜进行必要的清洁工作。

（4）根据使用者个人的情况，调节双筒显微镜的目镜间距。

（二）低倍镜的观察

一般情况下，进行显微观察时应遵守从低倍镜到高倍镜再到油镜的观察程序，由于低倍物镜视野相对大，易发现目标及确定检查的位置。

（1）将标本玻片置于载物台上，用标本夹夹住，移动推进器使观察对象处在物镜的正下方 。下降 10×物镜，使其接近标本，用粗调节器慢慢升起镜筒，使标本在视野中初步聚焦，再用细调节器调节至图像清晰。

（2）通过玻片夹推进器慢慢移动玻片，认真观察标本各部位，找到合适的目的物，仔细观察并记录观察到的结果。

（**注意：使用粗调节器聚焦物象时，需从侧面注视，小心调节物镜靠近标本，然后用目镜观察，慢慢调节物镜离开标本进行准焦，以免因误操作而损坏镜头及玻片**）。

（三）高倍镜观察

用油镜观察标本，是采用同玻璃折光率相似的油状物（如香柏油），滴加在标本与油镜头中间，以避免光线散射，提高显微镜的清晰度和分辨能力，使观察物象更加清楚明了。具体操作方法如下：

（1）调试：打开电源，先采用低倍镜，使视野达到清晰光亮。

（2）加油：双手向上转动粗螺旋，使镜筒上升，将标本的染色面向上固定于载物台上，加一滴香柏油于标本面，调换油镜头对准标本。

（3）调焦点：用左手向下轻转粗螺旋，使镜筒下降，同时眼睛从右侧观察下降程度，待镜头入油后接触到玻片，用眼观目镜，反转粗螺旋，使镜筒慢慢上升，待看到模糊物象时，改用细螺旋上下调节，使物像达到完全清晰为止（一般转动细螺旋前后半圈）。

（4）观察：观察时只使用细螺旋。需改换视野时，右手操纵推进器，左手转动细螺旋，做到配合自如。并养成左眼观察，右眼绘图的习惯。

（四）显微镜油镜使用的注意事项及油镜头的保护

（1）使用显微镜观察标本时，必须两眼同时睁开，训练使用左眼观察，右眼绘图。用油镜头观察时，勿将镜身歪斜，以防镜油流出。

（2）用油镜观察染色标本时，光线宜强，可上升集光器，开大光圈。观察不染色标本时，光线宜弱，可下降集光器，缩小光圈。

（3）油镜头使用结束后，应先用擦镜纸将镜头上的油擦去，再用擦镜纸蘸擦镜液（或二甲苯）擦拭2~3次，将油擦拭干净（**二甲苯用量宜少，以免镜片间的粘胶溶解**），最后再用擦镜纸擦镜液擦去。下降集光器，接物镜转成“八”字，再下降镜筒，轻触镜台表面。将显微镜用罩子罩好，用双手平持显微镜，放入镜箱。显微镜应避免直射日光，置于干燥处，以防受潮。

Ⅲ　微生物形态学检查技术

用显微镜观察微生物形态、结构特征和鉴别不同类群的微生物，是微生物实验中十分重要的基本技术。一般实验室常用普通光学显微镜来进行微生物形态学的观察。由于微生物（尤其是细菌）细胞小而透明，当用显微镜观察不染色的微生物标本时，由于菌体和背景没有显著的明暗差，因而难以看清它们的形态，更不易识别其结构，所以，用普通光学显微镜观察细菌时，通常需要先将细菌进行染色，借助于颜色的反衬作用，可以清楚地观察到细菌的形态及某些细胞结构。

用于微生物染色的染料主要有碱性染料、酸性染料和中性染料三大类。在微生物染色中，碱性染料较常用，如常用的美蓝、结晶紫、碱性复红、番红、孔雀绿等均是碱性染料。用碱性染料进行染色，是因为在中性、碱性或弱酸性溶液中，细菌细胞通常带负电荷，而碱性染料在电离时，其分子的染色部分带正电荷，很容易与带负电荷的菌体细胞结合使细菌着色。经染色后的细菌细胞与背景形成鲜明的对比，在显微镜下易于识别。

当细菌分解糖类产酸使培养基pH下降时，细菌所带正电荷增加，此时易被伊红、酸性复红或刚果红等酸性染料着色。中性染料是碱性和酸性染料的结合物，又称复合染料，如伊红美蓝。

染色细菌标本检查法

一、细菌染色标本的制作

细菌染色的基本步骤为：涂片→干燥→固定→染色。

（一）涂片

标本性质和检验目的不同，涂片的方法不同。一般方法是：

（1）取一张清洁无油脂的载玻片，加上一环生理盐水（如为液体标本或液体培养物可不加盐水）。

（2）用灭菌的接种环，取菌落（纯培养物可取菌苔）少许，与生理盐水混匀，涂布成薄膜。液体培养物直接挑取菌液涂片。

（二）干燥

一般在室温中自然干燥。若须加速干燥，可在火焰上方的热空气中加温干燥，但切勿紧靠火焰，以免标本被烤焦。

（三）固定

固定的目的主要是使细菌的细胞质凝固，杀死细菌；使菌体与玻片黏附得较牢；以玻片反面接触皮肤，热而不烫为度。

（四）染色

根据检验目的不同，可选用不同的染色方法进行染色。滴加染液，以覆盖标本为度。

（五）媒染

主要是增加菌体与染液间的作用力。其方法依各种染色法而异，有加热、碘等。

（六）脱色

目的在于测知染料与被染物之间结合的牢固程度，具有鉴别细菌的作用。方法是将脱色剂（如酒精或酸等）滴加于经过染色的标本上，作用一定时间后除去脱色剂。

（七）复染

目的在于使已脱色的菌体重新染上与前染液颜色呈明显对比之颜色。

（八）标本的观察

观察细菌标本均用油浸镜，如需要保留标本，可于观察后，用擦镜纸蘸乙醇和乙醚混合液将镜油擦去即可。

二、常用染色方法

（一）革兰氏染色法

革兰氏染色法是细菌学中最重要的鉴别染色法。

1. 染液

结晶紫、卢革氏碘液、95%酒精、石碳酸复红（或番红）。

2. 染色法

实验流程：涂片→干燥→固定→结晶紫初染（1~2 min，水洗）→卢革氏碘液媒染（1 min，水洗）→95%乙醇脱色（至无色，约 30 s，水洗）→番红复染或石碳酸复红复染（2~3 min，水洗）→干燥→镜检。

（1）将结晶紫染液滴在已固定的涂片上，染 1~2 min 后，用水洗去剩余染料。

（2）滴加卢革氏碘液，1 min 后水洗。

（3）滴加 95%乙醇脱色，摇动玻片至流出的乙醇无紫色为止，水洗。

乙醇脱色是革兰氏染色操作的关键环节。脱色不足，阴性菌被误染成阳性菌；脱色过度，阳性菌被误染成阴性菌。脱色时间一般为 20~30 s。

（4）滴加番红染液复染，2~3 min 后水洗，然后用吸水纸吸干，用油镜观察。

3. 镜检结果

革兰氏阳性菌（G^+）被染成紫色，革兰氏阴性菌（G^-）被染成红色。

无菌操作及做涂片过程见图Ⅲ-1，革兰氏染色法操作及染色结果见图Ⅲ-2。

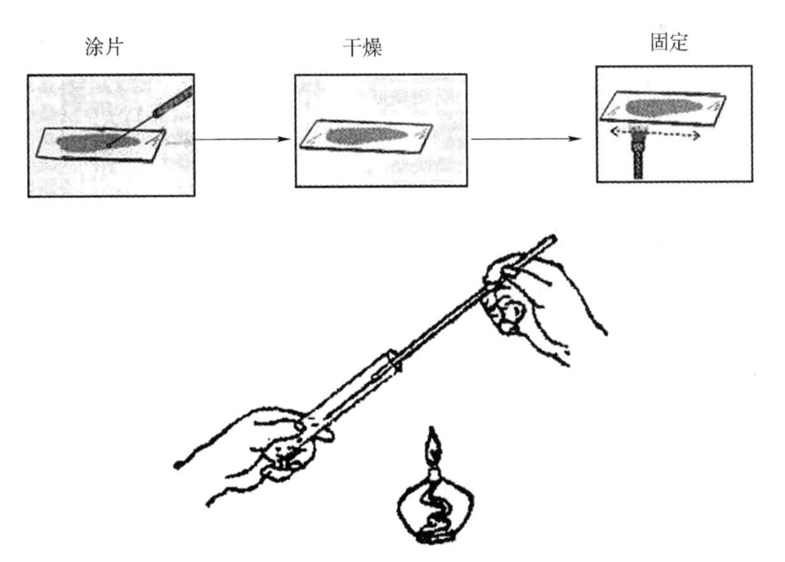

图Ⅲ-1　无菌操作及涂片过程

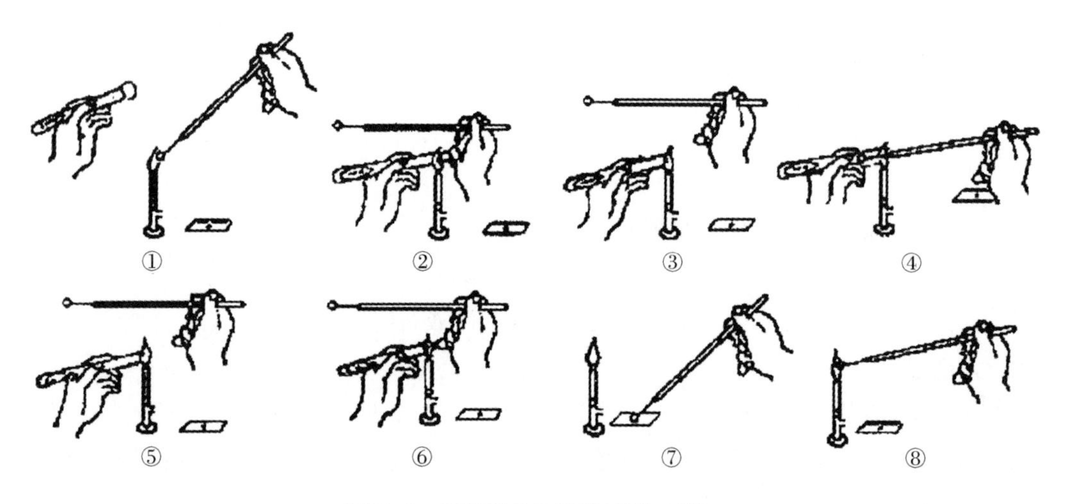

图Ⅲ-1　无菌操作及涂片过程（续）

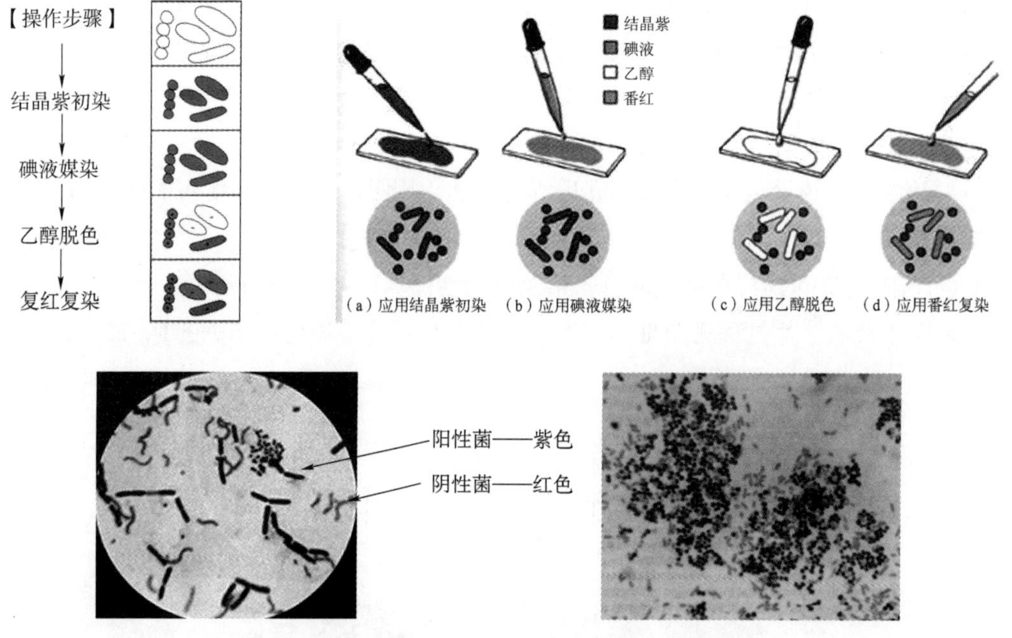

图Ⅲ-2　革兰氏染色法操作及染色结果（见彩插）

革兰氏染色的关键环节如下：

(1) 涂片不宜过厚，以免脱色不完全，造成假阳性。

(2) 乙醇脱色时间。

(3) 菌龄：应选择指数生长期的细菌培养物进行革兰氏染色。培养时间过长或死亡及部分自溶，改变了细菌细胞壁的通透性，造成阳性菌的假阴性反应。

(4) 火焰固定不宜过热。

(5) 媒染剂的作用：媒染剂的作用是增加染料和细胞之间的亲和性或吸附力，即以某种方式帮助染料固定在细胞上，使之不易脱落。

（二）萋-纳氏抗酸染色法

1. 染液

石碳酸复红、3%盐酸酒精、碱性美蓝。

2. 染色法

（1）用接种环取菌液涂于玻片上做成薄膜，自然干燥后经火焰固定。

（2）滴加石碳酸复红液于涂片上，用玻片夹夹住涂片以微火加热，保持液体冒蒸气约5 min，切勿蒸发至干或使染液沸腾。

（3）冷却后，水冲洗。

（4）以3%盐酸酒精液脱色，至片上红色全部脱去为止。

（5）水冲洗后，以碱性美蓝液复染1 min，水洗，待干，镜检。

3. 染色结果

抗酸菌染成红色，非抗酸菌染成蓝色（图Ⅲ-3）。

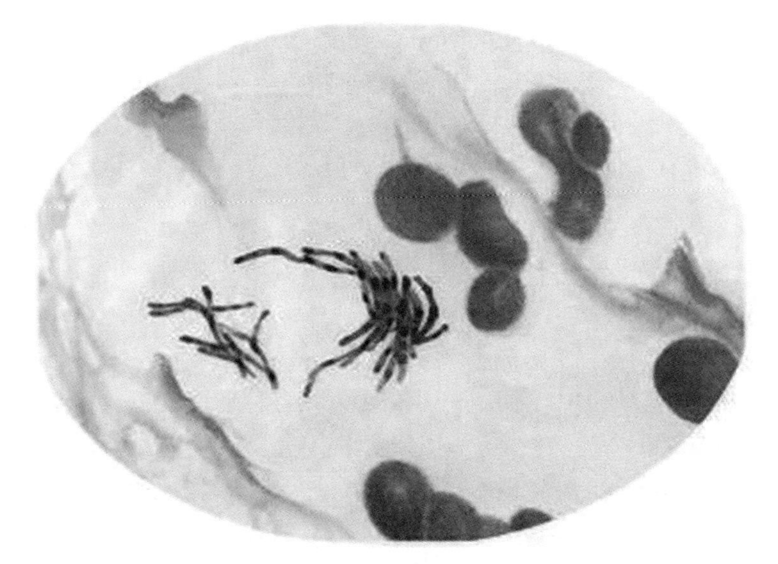

图Ⅲ-3　抗酸染色结果（见彩插）

（图片来源于网络）

（三）荚膜染色法——黑斯氏法

1. 染液

结晶紫（结晶紫饱和酒精液5 mL加蒸馏水95 mL）、20%硫酸铜水溶液。

2. 染色法

（1）取有荚膜的细菌涂片，空气中干燥固定，不可加热固定。

（2）滴加结晶紫染液，染色2 min。

（3）用20%硫酸铜液将涂片上的染液洗去，此时切勿再用水洗，用吸水纸吸干残液后镜检。

3. 染色结果

菌体及背景呈紫色，菌体周围有一圈淡紫色或无色的荚膜（图Ⅲ-4）。

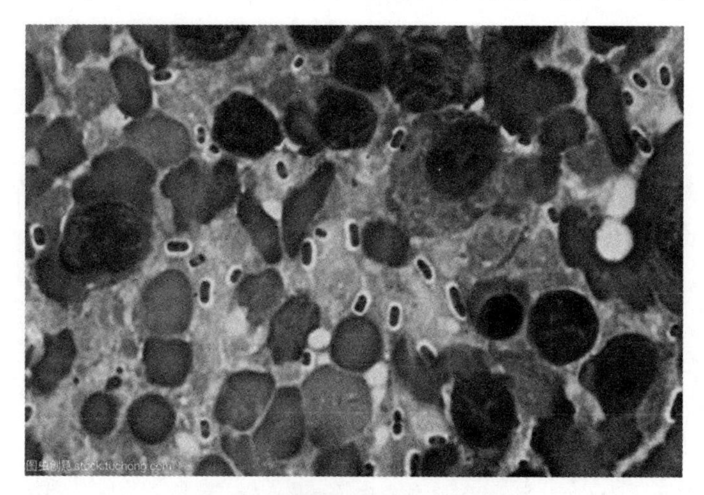

图Ⅲ-4　荚膜染色结果（见彩插）

（图片来源于网络）

（四）芽孢染色法

1. 染液

5%孔雀绿水溶液、0.5%番红水溶液。

2. 染色法

改良的 Schaeffer 和 Fulton 氏染色法：

（1）菌悬液的制备：加 1~2 滴水于小试管中，用接种环挑取 2~3 环菌苔于试管中，搅拌均匀，制成浓的菌悬液。

（2）加染色液：加 5%孔雀绿水溶液 2~3 滴于小试管中，用接种环搅拌使染料与菌液充分混合。

（3）加热：将试管浸于沸水浴的烧杯中，加热染色 15~20 min。

（4）涂片：挑取数环试管底部的菌液于洁净的玻片上，涂成薄膜，晾干。

（5）固定：将涂片通过酒精灯火焰 3 次，温热固定。

（6）脱色：水洗至流出的水无绿色为止。

（7）复染：用番红染液染色 3~5 min，倾去染液，用吸水纸吸干残液（不水洗），镜检。

Schaeffer 和 Fulton 氏染色法：

（1）制片：涂片、干燥、固定。

（2）加染色液：加数滴孔雀绿染液于涂片上，用玻片夹夹住玻片一端，在微火上加热至染料冒蒸气（但不沸腾），切勿使染料蒸干，必要时可添加少许染料，加热时间从冒蒸气开始计算维持 5 min。

（3）水洗：倾去染液，待玻片冷却后，用水洗至流出的水无绿色为止。

（4）复染：用番红染液染色 5 min，水洗，用吸水纸吸干，镜检。

3. 染色结果

芽孢呈绿色，芽孢囊及菌体为红色（图Ⅲ-5）。

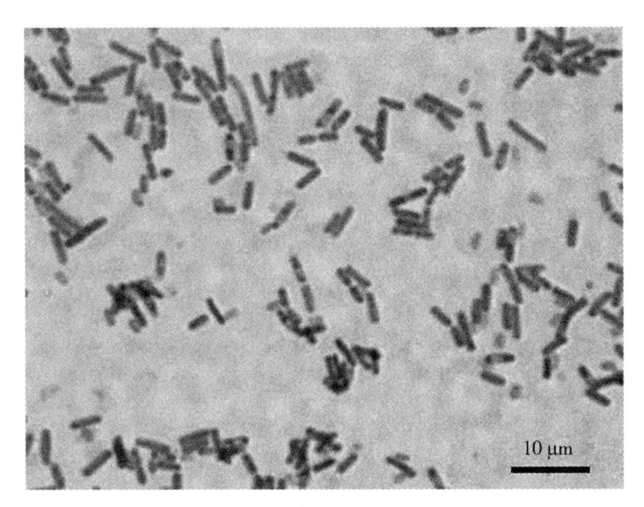

图Ⅲ-5 芽孢染色结果（见彩插）

（图片来源于网络）

注意事项：

（1）所用菌种应掌握菌龄，以大部分细菌已形成芽孢为宜，取菌不宜太少。

（2）用改良法时，从小试管取菌液时应先用接种环充分搅拌，然后再挑取菌液，否则菌体沉于管底，涂片时菌体太少。

（3）加热染色时要随时添加染色液，不可使染液沸腾，切勿让标本干涸。加热温度不能太高。

（4）一定要等玻片冷却后再进行水洗或加复染液进行复染。

（五）鞭毛染色法——镀银法染色

1. 染色液

染液 A（单宁酸 5 g、$FeCl_3$ 1.5 g 、蒸馏水 100 mL 、15%福尔马林 2 mL、1% NaOH 1 mL）、溶液 B（$AgNO_3$ 2 g、蒸馏水 100 mL）。

2. 染色法

（1）制片：取一洁净玻片，在一端滴一滴蒸馏水，用接种环挑取少量菌体在载玻片的水滴中轻蘸几下，将玻片倾斜，使菌液随水滴缓缓流到另一端，然后平放于空气中干燥。

（2）涂片干燥后，滴加 A 液染 3~5 min，用蒸馏水洗，或用 B 液冲去残水。一定要将 A 液充分洗尽，再加 B 液。

（3）滴加 B 液，将载玻片于酒精灯上稍加热，使其微冒蒸气且不干，一般染 0.5~1 min，直至显褐色时立即水洗，自然干燥后镜检。

3. 染色结果

菌体为深褐色，鞭毛为褐色（图Ⅲ-6）。

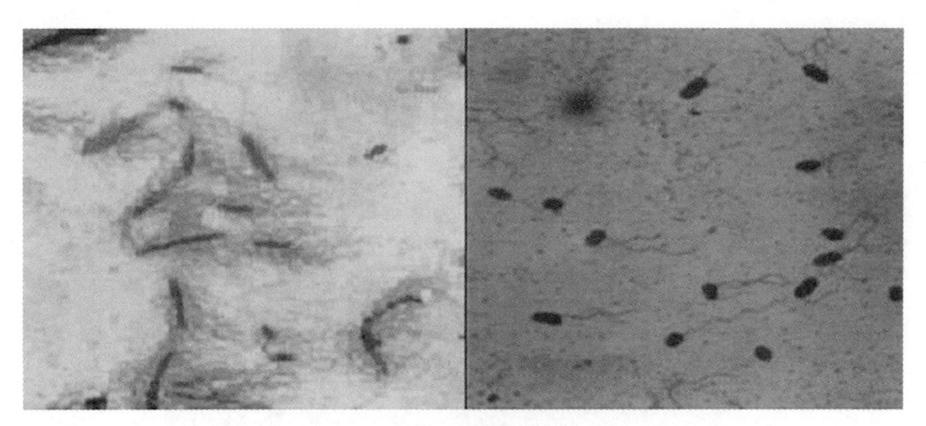

图Ⅲ-6 鞭毛染色结果（见彩插）

（图片来源于网络）

注意事项：

（1）所用菌种应掌握菌龄，以培养10~14 h的细菌为宜，取菌时宜取斜面和冷凝水交接处培养物或平板菌落边缘的菌苔。

（2）玻片要高度清洁，光滑、不带油渍（将水滴在玻片上，无油渍玻片水能均匀散开）。

（3）使用新鲜的染色液，充分洗去A液再加B液和掌握好B液的染色时间均是确保鞭毛染色成功的重要环节。

（六）细菌的单染色法

单染色法是用一种染料使微生物着色，其只能观察细菌的形态结构、排列等，不能鉴别微生物。进行单染色所用的染料通常为美蓝、碱性复红、结晶紫等。

1. 染色液

美蓝染液，或碱性复红染液或结晶紫染液。

2. 染色法

（1）涂片：取一张清洁无油脂的载玻片，加上一环生理盐水（如为液体标本或液体培养物可不加盐水）。用灭菌的接种环取菌落（纯培养物可取菌苔）少许，与生理盐水混匀，涂布成薄膜。液体培养物直接挑取菌液涂片。

（2）干燥：一般在室温中自然干燥。若须加速干燥，可在火焰上方的热空气中加温干燥，但切勿紧靠火焰，以免标本被烤焦。

（3）固定：手持玻片，将背面迅速通过酒精灯火焰3次。

（4）染色：加美蓝染液（或碱性复红染液或结晶紫染液）1~3滴，染色1 min，水洗，吸干，镜检。

3. 染色结果

美蓝染液着色慢，时间长，菌体呈蓝色；结晶紫染液着色深而迅速，菌体呈紫色；碱性复红染液着色快，时间短，菌体呈红色。

Ⅳ　微生物无菌操作技术

在微生物实验、生产、研究中，通过灭菌以杀死或除去培养基内和所有器皿中的一切微生物，是分离和获得微生物纯培养物的必要条件。在进行微生物分离、转接及培养时，除对所有培养器材、培养基进行严格灭菌外，对工作场所也应进行消毒，才能保证工作的顺利进行。

实际中，常采用加热的方法作为消毒和灭菌的有效手段。灭菌的原理是通过高温使蛋白质和核酸等生物大分子变性，使细胞丧失生命力而达到灭菌的目的。

实验室中最常用的是干热灭菌和湿热灭菌，通常湿热灭菌的效果更好些。除此之外，过滤除菌、紫外线灭菌、化学灭菌和消毒等在微生物的研究中也是较常用的灭菌方法。

一、干热灭菌方法

1. 火焰灼烧灭菌

微生物接种用的接种环、接种针、玻璃涂布棒和其他金属用具以及试管口或三角瓶口、吸管等，可直接通过酒精灯的火焰灼烧至红热进行灭菌。此法灭菌迅速、彻底。烧灼灭菌的方法见图Ⅳ-1。

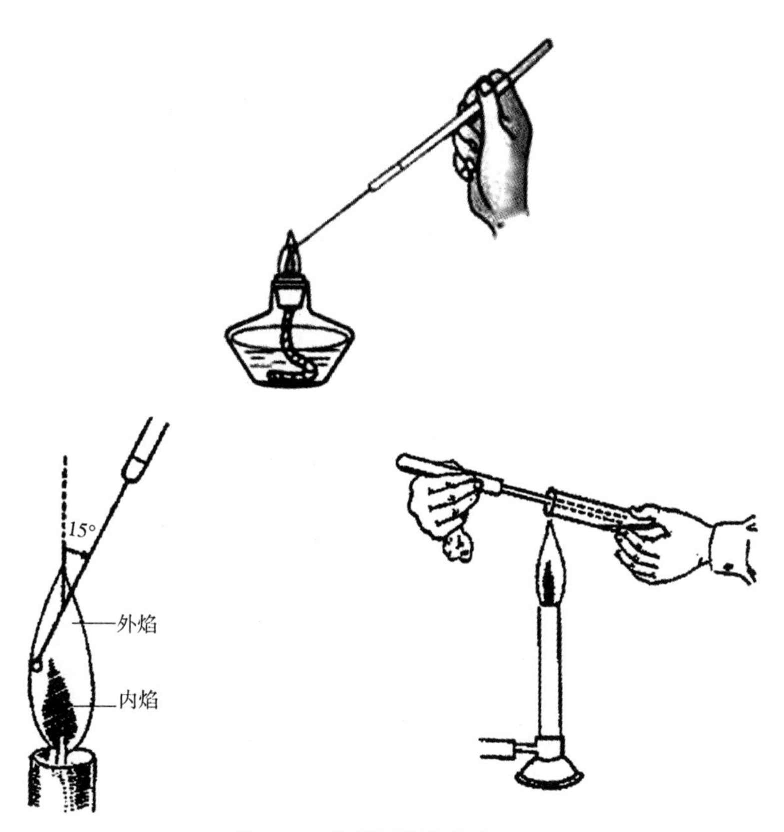

图Ⅳ-1　灼烧灭菌的方法

2. 干热空气灭菌

干热空气灭菌主要是利用电热恒温干燥箱，通过高温使微生物细胞内的蛋白质凝固变性而达到灭菌目的。无水条件下，160 ℃才能使微生物细胞蛋白质凝固，所以进行干热灭菌时，应加热到160~170 ℃，维持1~2 h才能达到完全灭菌。与湿热灭菌相比，干热灭菌所需的温度高，时间长。

干热空气灭菌所使用的电热恒温干燥箱有普通式和鼓风式两种。实验室常用的一般为鼓风式干燥箱（图Ⅳ-2）。鼓风式干燥箱可以加快热空气的对流，使箱内温度均匀，同时使箱内物品蒸发的水蒸气加速散逸到箱外的空气中，以提高干燥效率。适用于干热空气灭菌的物品有：玻璃器皿（培养皿、试管、吸管等）和药物干粉等。

图Ⅳ-2　鼓风式干燥箱

灭菌步骤：

① 装箱：待灭菌的玻璃器皿、试管、吸管等必须洗净并干燥、包装后才能放入干燥箱进行灭菌。需要注意的是，放入箱内灭菌的器皿不宜放得过挤，一般不超过总容量的65%，而且不得使器皿与烘箱底板直接接触。

② 升温：待灭菌的物品摆放妥当之后，关好干燥箱门，插上电源插头，打开开关，旋动恒温调节器至红灯亮，让温度逐渐上升。若红灯熄灭绿灯亮，表示箱内已停止加温，如果此时温度还未达到所需的160~170 ℃，则需转动调节器使红灯再亮，如此反复调节，使温度达到所需温度值。

③ 恒温：当温度达到160~170 ℃时，保持此温度2 h。

④ 降温：灭菌完毕，不能立即开门取物，须关闭电源，待温度自动下降至50 ℃以下再开门取物。

恒温干燥箱干热空气灭菌的注意事项：

（1）箱内物品不能放得太满，且不能与箱内壁铁皮和烘箱底板直接接触，以免包器皿的包装被烤焦甚至着火。

（2）升温或有水分需要迅速蒸发时，可打开干燥箱的进气孔和排气孔，待温度升至160~170 ℃时，将进气孔和排气孔关闭，使箱内温度一致。

（3）灭菌温度要控制在 170 ℃以下。若发生箱内烤焦或燃烧事故时，应先关闭电源及进气孔、排气孔，待温度降至 60 ℃以下时，才能打开箱门进行处理。未切断电源前切勿打开进气孔和排气孔，以免促使燃烧造成更大损失。

（4）灭菌完毕，须关闭电源，待降温自动下降至 50 ℃以下再开门取物，以免因温度骤降导致玻璃爆裂。

（5）用于干热空气灭菌玻璃器皿时，温度为 120 ℃左右，持续 30 min，并打开排气孔以利于水蒸气散出。

二、高压蒸汽灭菌

高压蒸汽灭菌是应用最广、效果最好的微生物灭菌技术。常用的培养基、水、废弃的培养物及耐高压的药品、纱布、敷料和不适用干热灭菌的物品均可采用高压蒸汽灭菌。

高压蒸汽灭菌是在特定的设备灭菌锅中进行的。通过加热，使灭菌锅隔套间的水沸腾而产生蒸汽，待蒸汽将锅内的冷空气从排气阀中驱尽，关闭排气阀继续加热。锅内蒸汽随着压力的升高，温度也相应增高（可升到 121.6 ℃），导致菌体蛋白质凝固变性而达到灭菌的目的（图Ⅳ-3）。

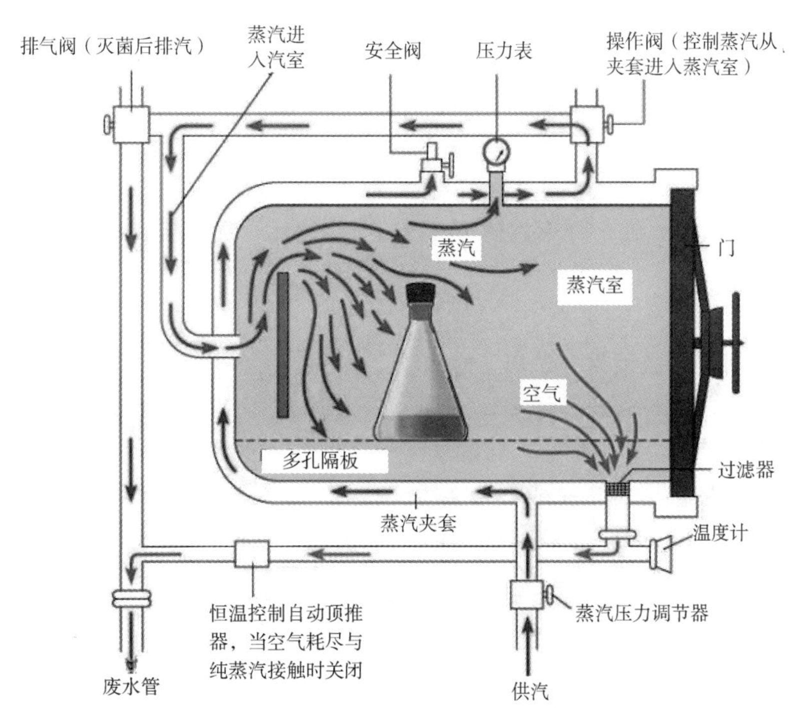

图Ⅳ-3　高压蒸汽灭菌原理

（选自英文版微生物学教材）

高压蒸汽灭菌器有立式、卧式、手提式等不同类型。它们的结构和灭菌原理基本相同。实验室常用的灭菌器有立式（图Ⅳ-4）和手提式。

1. 高压蒸汽灭菌器的基本构造

（1）外锅或称夹套，用于装水产生蒸汽。

图Ⅳ-4　全自动立式高压蒸汽灭菌器

（图片来源于网络）

（2）内锅或称灭菌室，是放置灭菌物的空间，其内可放置铁箅（灭菌金属筐）以分放物品。

（3）压力表，内外锅各装一只，压力表上标明两种单位，即压力单位（MPa）、温度单位（℃）以便于灭菌时参考。

（4）温度计，为感应式仪表温度计，其感应部分安装在锅内的排气管内，仪表安装于锅外部以便于观察。

（5）排气阀，内、外锅各一个，用于排除空气。在灭菌过程中，当超过额定的压力时，排气阀会自动放气减压。安全阀只供超压时安全报警之用，在保温保压时不可使用自动减压装置。

（6）热源，高压蒸汽灭菌器锅底部装有可调电热丝，以电加热，使用较方便。

2. 高压蒸汽灭菌器的使用方法与注意事项

（1）加水，手提式与立式高压蒸汽灭菌器，用时必须向灭菌锅内加水，使水面达到内筒底座为止。**使用时切勿忘记加水，且加水量不可过少，以防灭菌锅烧干而发生危险**。

（2）放入待灭菌物品，将铁箅架（金属筐）放入灭菌锅内，然后把待灭菌物品装入锅内，物品放置不要太紧太满，以利蒸汽流通，盖好锅盖并将固定螺旋拧紧。

（3）加热排气，灭菌锅加热开始后，即可打开排气阀，待锅内水沸腾并有大量蒸汽排出时，维持3~5 min，使锅内冷空气完全逸出后关闭排气阀。亦可在锅内压力升至0.35 kg/cm^{2}或0.025 MPa时打开排气阀，放出锅内冷空气，待冷空气排干净。**灭菌时，锅内冷空气必须彻底排出，因为灭菌的主要因素是温度而不是压力。若冷空气未排净，压力表所显示压力并非全部蒸汽压，灭菌将不完全**。

（4）保温保压，待灭菌锅压力升至0.1 MPa或1.05 kg/cm^{2}开始计时，维持15~20 min，即可达到灭菌效果。

（5）降压与排气，灭菌完毕，须关闭电源，并待其压力自然下降至“0”时，打开放气阀，开盖取出灭菌物品。打开灭菌锅盖子后，可待15~20 min，借锅中余热将包裹培养皿的纸或棉塞烘干后再将灭菌物品取出。

灭菌结束时，一定要待压力降至“0”时，才能打开排气阀，否则容易发生危险。亦不可突然开大放气阀排气减压，以免因压力骤降，导致瓶内液体沸腾，冲出瓶外，造成以后培养时杂菌污染，甚至灼伤。

（6）灭菌效果检查，将取出的灭菌培养基放于 37 ℃培养箱培养 24 h，若无细菌生长，即表示灭菌效果良好。

（7）灭菌锅保养，灭菌结束取出物品后，放出锅内余水，取出锅内杂物，以保证内壁及搁架干燥，防止排水管堵塞。

三、紫外线杀菌

紫外线具有杀菌作用，其机理是它诱导形成胸腺嘧啶二聚体来破坏 DNA 的结构，使其不能正常行使功能。紫外线杀菌力最强的波长是 226~256 nm 部分。

紫外线灭菌是用紫外灯管进行的。紫外线透过物质的能力很差，所以只适用于空气及物体表面的灭菌，它距离照射物以不超过 1.2 m 为宜。

紫外线对于人体也有伤害作用，所以不能直视开着的紫外灯，更不能在开着紫外灯的情况下工作。

可见光能激活生物体中的光复活酶，使形成的二聚体拆开复原，所以也不能在开着钨丝灯及日光灯的情况下开紫外灯灭菌。

V　基础培养基的制备

培养基是人工配制的适合微生物生长繁殖或积累代谢产物的营养基质，用来培养、分离、鉴定、保存各种微生物或积累代谢产物。根据微生物的不同和实验研究目的的不同，可以配制不同种类的培养基。在各种培养基中，均应含有碳源、氮源、能源、无机盐、生长因子和水等可供微生物生长的营养要素，同时根据不同微生物的要求将培养基的 pH 调到合适的范围。

由于配制培养的各类营养物质和容器等均含有各种微生物，因此，已配制好的培养基必须立即灭菌。

常用的培养基按用途分为：基础培养基、营养培养基、鉴别培养基、选择培养基和厌氧培养基。按物理性状分为：固体培养基、半固体培养基和液体培养基。

一、培养基的制备原则

适当的营养成分；合适的酸碱度；配制后经灭菌手续方可使用。

二、培养基的配制程序

称量—溶化—测定及矫正 pH—过滤—分装—灭菌备用。（配制固体平板培养基为先灭菌后倾倒平板备用。）

三、培养基制备过程

（1）称量：按照培养基配方及配制的总量计算各成分所需的量，分别称取。

（2）溶解：将各种成分放入锥形瓶中，加去离子水至所配培养基的总量，在微波炉中加热溶解（微波炉加热时，在液体溢出之前，马上断开电源，反复多次，直至完全溶解）。

（3）调 pH：用 1 mol/L NaOH 或 1 mol/L HCl 调 pH 至所需范围。

（4）过滤：一般无特殊要求的情况下，此步可省去。

（5）分装：按实验要求将配制的培养基分装至试管或锥形瓶内。

（6）加塞、包扎和灭菌：分装后，试管用试管帽、锥形瓶用容器封口膜封好瓶口，注明培养基的名称及配制日期。放入高压蒸汽灭菌锅，0.1 MPa（或 121 ℃）灭菌 20 min。

（7）摆斜面和倒平板：斜面培养基在未凝固之前将试管有塞的一头搁在试管架的底层，试管底部搁在桌面，形成斜面，凝固后即成斜面（图Ⅴ-1）；制备平板培养基时，待培养基冷却到 60 ℃左右，无菌操作将培养基倒入已灭菌的培养皿中，每皿装量约 20 mL，盖上皿盖，水平静置，待凝固后翻转培养皿（图Ⅴ-2）。

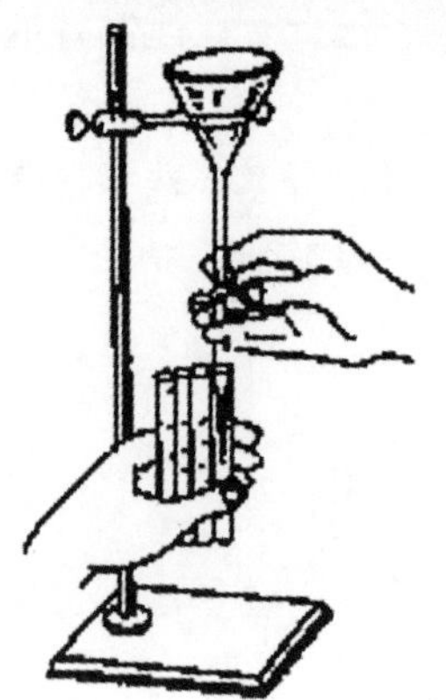

图Ⅴ-1　琼脂斜面培养基制备

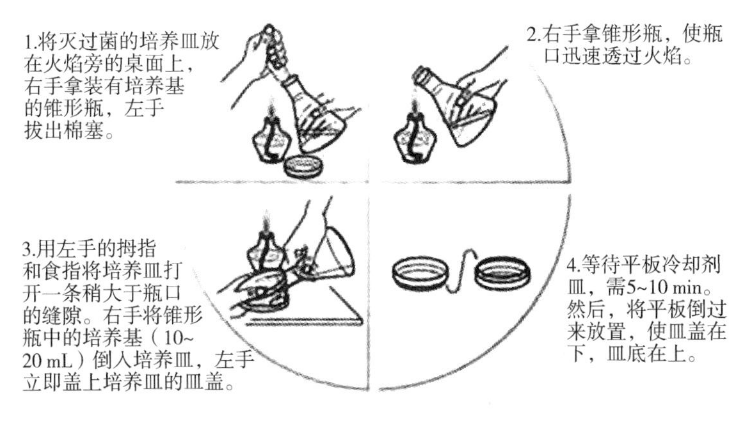

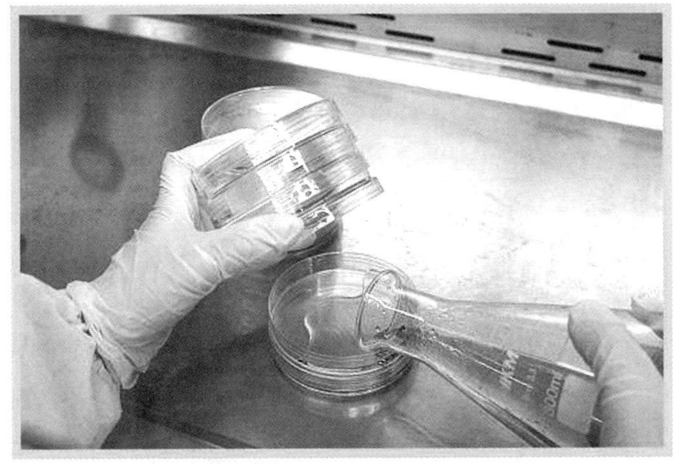

图Ⅴ-2　平板培养基的制备

Ⅵ　微生物的接种方法

在无菌条件下，用接种环或接种针挑取微生物，把它由一个培养器皿转接到另一个接种器皿中进行培养，是微生物学研究中最常用的基本操作。微生物接种应在火焰附近进行操作或在无菌操作箱或无菌室内进行。进行微生物接种时常使用的工具有：接种环、接种针和涂布器，移取液体培养物时可使用无菌吸管或移液枪。常用的微生物接种方法包括以下几种。

一、平板划线接种法（分离培养法）

平板划线接种法是微生物分离培养的常用技术，其目的是将混杂的微生物在琼脂平板表面充分地分散开，使单个微生物能固定在一点上生长繁殖，形成单个菌落，以达到分离纯种的目的。平板划线接种法是用接种环以无菌操作蘸取少许待分离的材料，在无菌培养平板表面进行平行划线、扇形划线或其他形式的连续划线，其中以分段划线和连续划线法较为常用。

1. 分区划线接种法（分段划线接种法）

（1）右手拿接种环，通过酒精灯烧灼灭菌，冷却后，从待纯化的菌落或待分离的斜面菌种中蘸取少量菌样。左手抓握琼脂平板（让皿盖留于桌上），在酒精灯火焰左前上方，使平板面向火焰，以免空中杂菌落入。用蘸过菌的接种环在平板培养基的一边涂抹面积约 0.5 cm^2区域，作为原始区，并将接种环上剩余的菌烧掉。待接种环冷却后，通过原始区进行密集而不重叠的来回划线，面积约占整个平板的 1/4 左右，此为第 1 区。划线时接种环与琼脂平板呈 40°~45°角轻轻接触，利用腕力滑动，切忌划破琼脂。

（2）转动培养皿约 90°，并将接种环上多余的细菌进行烧灼灭菌，待冷后，压 1 区末端的 2~3 条线，划下一区域（约占 1/4 面积），此为第 2 区。

（3）第 2 区划完后可不烧灼接种环（每划完一个区域是否需要烧灼灭菌视标本中含菌量多少而定），用同样方法划第 3 区、第 4 区，划满整个平皿（图Ⅵ-1）。

（4）划线完毕，将平板扣入皿盖，并做好标记，置 37 ℃培养箱培养 18~24 h，观察琼脂表面菌落分布情况，注意是否分离出单个菌落，并记录菌落特征（如大小、形状、透明度、色素等）。

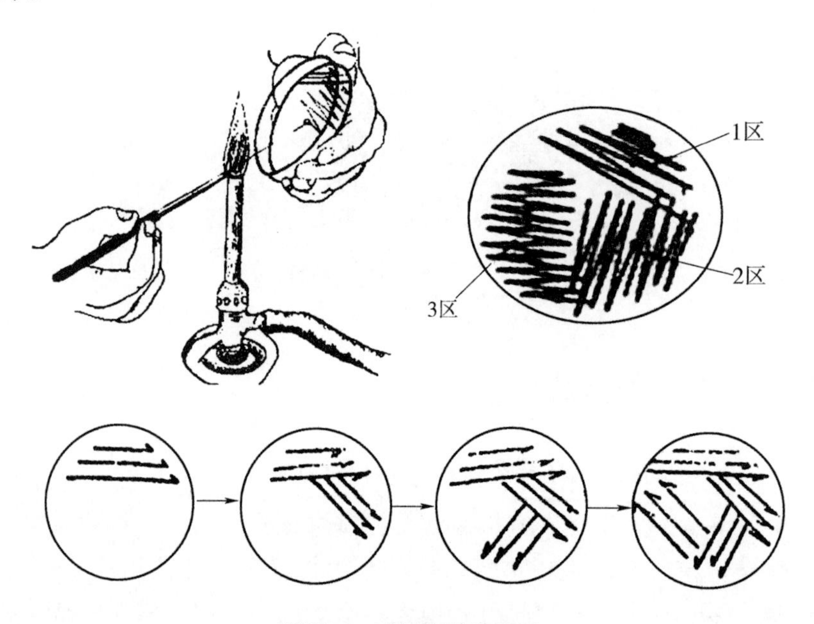

图Ⅵ-1　分区划线接种法

2. 连续划线接种法

用接种环以无菌操作蘸取少许待分离的材料，在无菌平板表面作连续的平行划线（图Ⅵ-2）。划线完毕后，盖上皿盖，并做好标记，置于 37 ℃培养箱中培养 18~24 h，观察琼脂表面菌落分布情况，注意是否分离出单个菌落，并记录菌落特征（如大小、形状、透明度、色素等）。

图Ⅵ-2　连续划线接种法

二、涂布平板接种法

涂布平板接种法是微生物学研究中常用的纯种分离方法。涂布平板接种法是先将已融化的培养基导入无菌培养皿，制成无菌平板，冷却凝固后，将一定量的某一稀释度的待分离样品的悬液滴加在平板表面，用无菌涂布耙（或涂布棒）将菌液均匀分散至整个平板表面（图Ⅵ-3），经培养后挑取单个菌落。

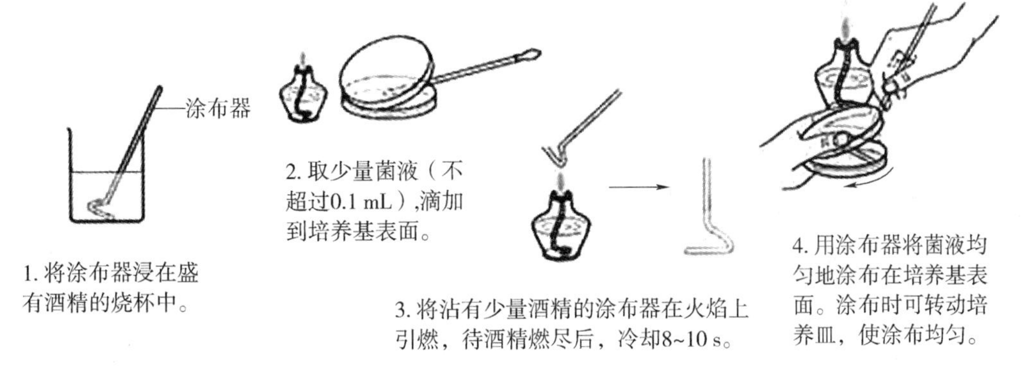

注意：1. 将涂布器末端浸在盛有体积分数为70%的酒精的烧杯中。取出时，要让多余的酒精在烧杯中滴尽，然后将沾有少量酒精的涂布器在火焰上引燃。

2. 操作中一定要注意防火！不要将过热的涂布器放在盛放酒精的烧杯中，以免引燃其中的酒精。

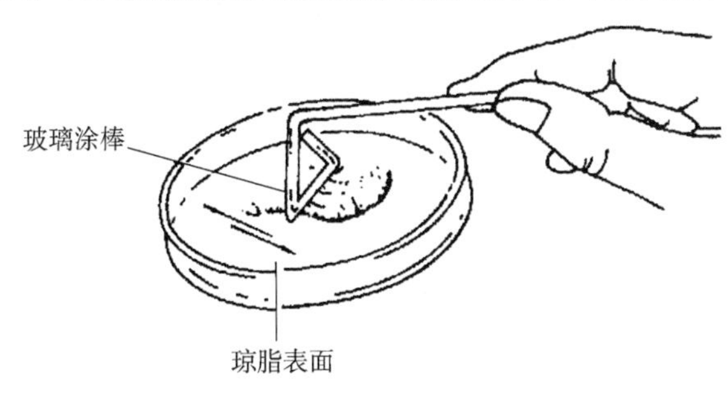

图Ⅵ-3　涂布平板接种法

（图片选自网络）

三、稀释倒平板法

将待分离的材料用无菌水进行一系列的稀释（1∶10、1∶100、1∶1000、…），分别取不同的稀释液少许，对号放入已灭菌的培养皿中，然后再倒入已融化并冷却至 50 ℃左右的琼脂培养基，边倒入边混匀，使样品中的微生物与培养基混合均匀，待琼脂凝固成平板后，置于 37 ℃培养箱中培养 18～24 h，观察琼脂表面菌落形成情况（图Ⅵ-4）。

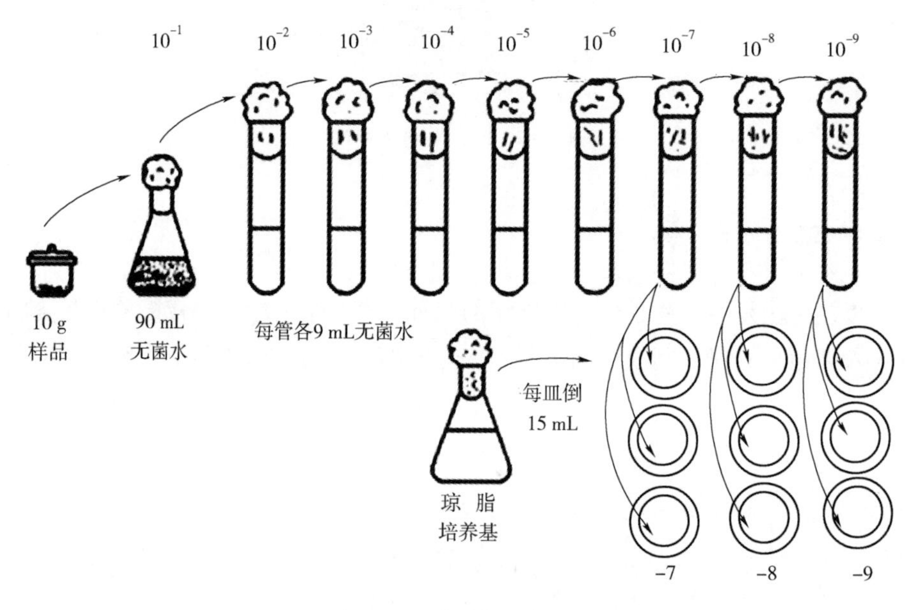

图Ⅵ-4　稀释倒平板法

（图片选自网络）

四、液体培养接种法

把微生物移植于液体培养基的接种方法称作液体接种法。在进行微生物生理生化测定和微生物发酵实验研究时，常使用液体接种法。液体接种法可以观察微生物不同的生长性状、生化特性以供鉴别之用。

1. 斜面菌种接种于试管或小三角瓶中的液体接种方法

用接种环以无菌操作挑取斜面菌种一至几环，将接种环在接近液面的管壁上轻轻研磨，并蘸取少许液体与之调和，使菌体均匀混合于液体培养基中。在接种量大时，也可取适量无菌水加入斜面菌种试管中，用接种环将菌苔洗下，制成菌悬液，再把菌悬液接种于液体培养基中。将接种后的液体培养基放入 37 ℃培养箱孵育 18～24 h，取出观察生长情况。

2. 液体菌种接种于液体培养基中的接种方法

进行微生物发酵实验时，一般用无菌移液管或无菌移液器吸取一定量的菌液接种至盛有液体培养基的摇瓶中（图Ⅵ-5）。将摇瓶放入 37 ℃振荡培养箱中培养 18～24 h，取出观察生长情况。

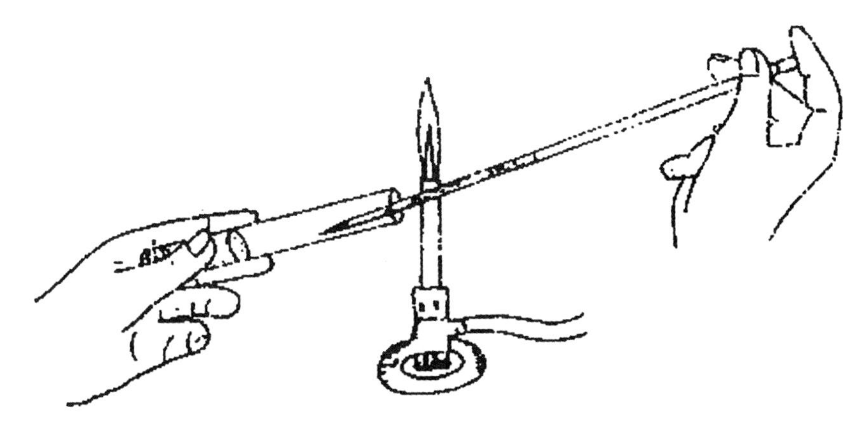

图Ⅵ-5　液体菌种接种法

五、穿刺接种法

在进行保存菌种或检查细菌的运动能力时常使用穿刺接种法。

穿刺接种的方法是：取已灭菌新鲜的半固体柱状培养基，用接种针以无菌操作挑取单个菌落后，从培养基中心部位垂直自上而下刺入，直至接近管底（不要穿透培养基）再循原路退回，进行穿刺接种。接种后将试管置于 37 ℃培养箱中培养 18～24 h，取出后观察穿刺线上细菌生长情况，若细菌向穿刺线周围扩散生长，说明细菌具有运动能力。

六、斜面接种法

斜面接种是从已生长好的菌种斜面上挑取少量菌苔转接至另一新鲜斜面培养基上，目的是扩大纯种细菌及实验室保存菌种。斜面接种的方法（图Ⅵ-6），包括以下几种方法。

1. 点种法

以无菌操作法用接种环挑取少量菌苔，点种在斜面培养基的中下部，此法常用于霉菌孢子的接种，也可用于暂时保存菌种。

2. 直线接种法

以无菌操作法用接种环挑取少量菌苔于斜面底部，至下向上划一条直线，用于观察菌体培养特征。

3. 曲线接种法

以无菌操作法用接种环挑取少量菌苔于斜面底部，至下向上划一条直线，再自下而上轻轻来回作蜿蜒划线，或直接自斜面底部向上蜿蜒划线。此法能充分利用斜面，获得大量菌体细胞，是进行菌种保存时常用的接种方法。

微生物接种操作注意事项：

在进行微生物培养过程中，标本的采集或培养操作等均须严格执行无菌操作技术。

（1）所有用具，培养基等必须严格灭菌，使用过程中不得与外界未经灭菌物品接触，如已接触应立即换用。切忌长时暴露于空气中，有盖的应迅速盖上。

（2）整个操作过程均须在无菌室、超净工作台或接种罩内进行。

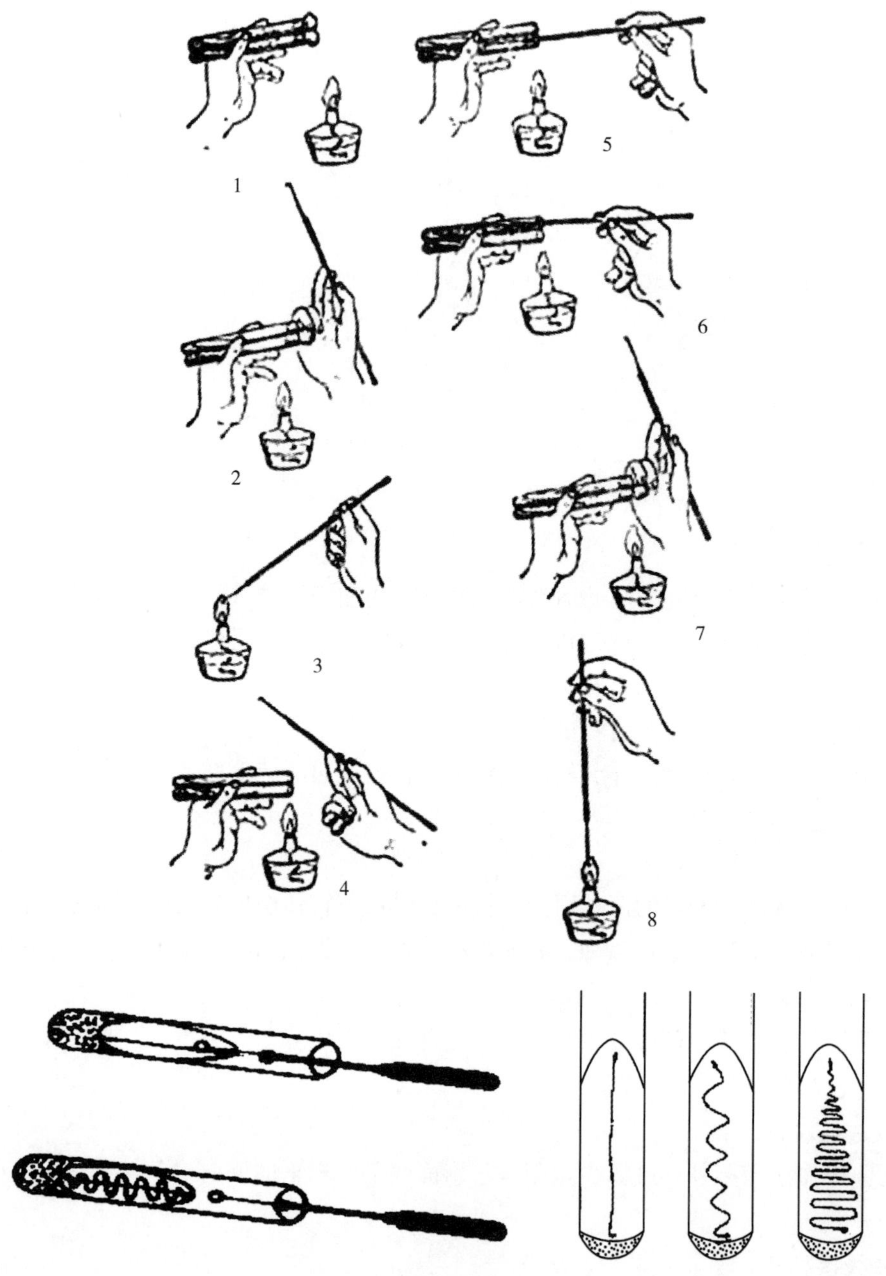

图Ⅵ-6　斜面培养基接种法

（图片选自网络）

（3）灭菌的试管、摇瓶在打开盖后关闭前，口部应在火焰上通过 1~2 次，以杀灭可能从空气中落入的杂菌。

（4）接种环或接种针于每次使用前，均应在火焰上彻底烧灼灭菌，金属棒或玻璃棒部分亦须转动着通过火焰 3 次。

（5）皮肤表面及口腔常存在大量杂菌，故在操作过程中切忌用手接触标本及已灭菌的器材内部，也勿用口吹。

(6) 打开瓶塞及试管塞时，应将棉塞或试管帽上端夹持于手指间适当位置，不得将棉塞或瓶塞任意放置别处。

Ⅶ 细菌的培养方法

根据细菌特性和培养目的不同，可采用不同的培养方法分进行培养，常用的有一般培养法、二氧化碳培养法和厌氧培养法三种。

一、一般培养法

一般培养法又称需氧培养法，将已接种好的平板、斜面、液体培养基，置于 37 ℃培养箱内（图Ⅶ-1）培养 18~24 h，需氧菌和兼性厌氧菌即可于培养基上生长。但菌量很少或生长缓慢细菌（如结核分枝杆菌），需培养 3~7 d 直至 1 个月才能生长。

图Ⅶ-1 电热恒温培养箱

（图片选自网络）

为使培养箱内保持一定湿度，箱内可放置杯水；对培养时间较长的培养基，应将培养皿或试管口用石蜡或凡士林封固，以防培养基干裂。

二、二氧化碳培养法

某些细菌，如布氏杆菌、脑膜炎球菌等需要在含有 5%~10%二氧化碳环境中才能生长，尤其是初代分离培养要求更严格。常用的二氧化碳培养方法有以下几种：

1. 二氧化碳培养箱

已接种培养基直接放入二氧化碳培养箱（图Ⅶ-2）内培养，即获得二氧化碳环境。

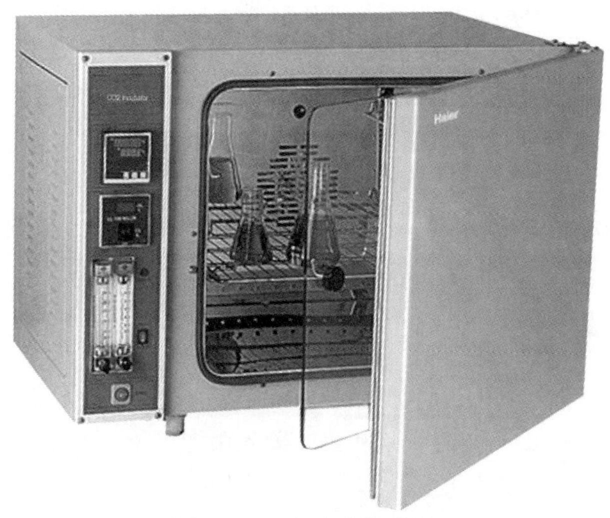

图Ⅶ-2　二氧化碳培养箱

（图片选自网络）

2. 烛缸法

将已接种细菌的培养基，置于容量2000 mL的磨口标本缸或干燥器内，缸盖或缸口处均需涂以凡士林，放入小段点燃蜡烛于缸内（蜡烛要直立，勿靠近缸壁），密封缸盖。待燃蜡自行熄灭时，容器内含5%～10% CO_2，将容器置于37 ℃培养箱中培养。

3. 化学法（重碳酸钠–盐酸法）

按每升容积容器内加入重碳酸钠0.4 g与浓盐酸3.5 mL比例，分别将两种药置于容器内（平皿内），连同容器置于标本缸或干燥器内，盖紧缸盖后使容器倾斜，使盐酸与重碳酸钠接触即产生二氧化碳。

三、厌氧培养法

厌氧细菌由于对氧敏感，在其分离鉴定过程中均需在无氧的环境培养，否则就不能生长甚至死亡。就此，人们创造了许多厌氧培养方法，目前常用的厌氧培养方法有厌氧罐法、气袋法及厌氧箱培养法三种。

1. 厌氧罐法（适用于一般实验室，特点是较经济并迅速建立厌氧环境）

将接种好的平板放入厌氧罐（图Ⅶ-3），拧紧盖子。用真空泵抽出罐内空气，使压力真空表至-79.98 kPa停止抽气，充入高纯氮气使压力真空表指针回0位，连续反复3次。在罐内-79.98 kPa情况下，充入70% N_2、20% H_2、10% CO_2。厌氧罐内需放入冷催化剂钯粒，催化罐中残余 O_2和 H_2化合成水。同时罐中应放有美蓝指示管。

注：美蓝有氧环境下呈蓝色，无氧时红色，临用前先将美蓝煮沸使其变成无色，放入罐内美蓝先呈浅蓝色，待罐内无氧环境形成时，美蓝即持续无色。

2. 气袋法

此种方法需要特殊设备，操作简单，使用方便，不仅实验室采用，而且外出采样、现场接种也可采用。原理是采用塑料袋代替了厌氧罐，气袋透明而密闭。内装有气体发生安瓿，

图Ⅶ-3　厌氧罐

（图片选自网络）

指示剂安瓿，含有催化剂带孔塑料管各 1 支。

操作方法：首先接种平板培养基放入袋中，用弹簧夹夹紧袋口，用手指压碎气体安瓿，20 min 再压碎指示剂安瓿，指示剂变蓝色，说明袋内达厌氧状态，即放入 37 ℃培养箱中进行培养。

3. 厌氧箱培养法

使用之前必须仔细检查厌氧装备有无漏气及催化剂、指示剂质量等问题。使用时严格遵守操作规程，保证箱内气体比例合理。

Ⅷ　微生物菌种保藏技术

微生物具有体积小、繁殖快、代谢旺、适应性强等特点，如果菌种保存不当则易发生变异或被杂菌污染，因此，菌种保藏成为微生物学中的一项重要而且必要的基础工作。

菌种保藏的具体方法有很多，其原理大同小异。即：选择典型、优良、纯正的菌种；要使微生物的代谢处于最不活跃或相对静止状态；要创造一个适合其长期休眠的环境条件，低温、干燥和隔绝空气是微生物代谢能力降低的重要因素。常用的菌种保藏方法如下。

一、传代培养保藏法

分为斜面培养、穿刺培养等，一般只短期存放菌种用（图Ⅷ-1）。

（1）取各种无菌斜面试管，标记，待用。

（2）将待保藏的菌种用接种环以无菌操作法移接至相应的试管斜面上。

（3）细菌：37 ℃培养 18~24 h；酵母菌：28~30 ℃培养 48~60 h；放线菌或丝状真菌：28 ℃培养 3~5 d。

（4）斜面长好后，可直接放入 4 ℃冰箱中保藏。为防止杂菌污染，试管口可用牛皮纸包扎，或换上无菌胶塞。

注意：4 ℃冰箱中保藏时间依微生物种类不同而不同，酵母菌、霉菌、放线菌及有芽孢细菌可保存2~6个月移种一次；无芽孢细菌最好不超过3个月移种一次。

二、冷冻干燥保藏法

（1）选用无污染的纯菌种，细菌培养24~48 h，酵母菌培养3 d，放线菌和霉菌培养7 d。

（2）取已灭菌的脱脂牛奶2~3 mL，加入斜面菌种试管中，用接种环轻轻搅动菌落，制成浓的菌悬液，并取0.2 mL分装于每只安瓿管的底部。

（3）将安瓿管外的棉花剪去并将棉塞推至离管口约1.5 cm处，连接真空冷冻装置，并将所有安瓿管浸入装有干冰和95%乙醇的冷冻槽中1 h左右，使菌悬液冻结成固体。

（4）开启真空泵，在10~30 min内使真空度达到66.7 Pa以下，使被冻结的悬液开始升华，当真空度达到26.7 Pa时，冻结样品被干燥成白色片状，这时使安瓿管脱离冷冻槽，在真空状态下，于室温继续干燥，使样品中残余的水分蒸发，干燥时间一般在4~8 h。

（5）干燥后，在2~4 Pa的真空度下封瓶，然后置于4 ℃冰箱中保藏（图Ⅷ-1）。

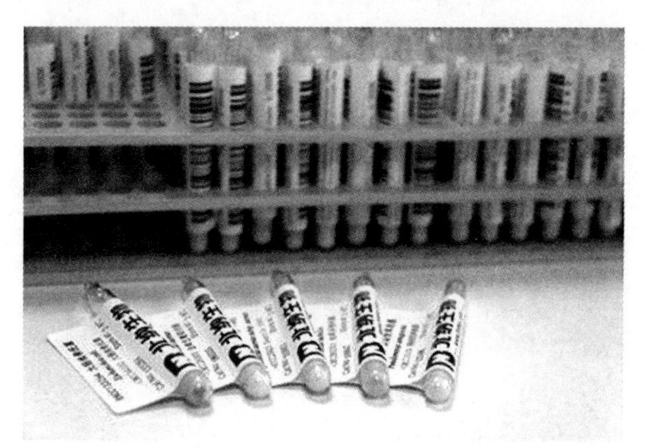

图Ⅷ-1 菌种的传代保存及冷冻干燥保存

（图片选自网络）

三、超低温冰箱（-70 ℃冰箱）保藏法

（1）离心收集生长到对数期中期至后期的微生物细胞。

（2）用新鲜培养基重新悬浮所收集的细胞。

（3）加入等体积的20%甘油或10%二甲亚砜。

（4）混匀后分装于冷冻指管或安瓿管中，于-70 ℃超低温冰箱中保藏。

第二部分　基础性实验

实验一　细菌形态与菌落特征观察及细菌的革兰氏染色

一、实验目的

（1）认识细菌的基本形态特征和特殊结构、认识并掌握常见细菌的菌落特征。

（2）掌握光学显微镜油镜的使用及保护方法。

（3）掌握细菌涂片标本的制备及革兰氏染色鉴别细菌的方法。

（4）学习微生物绘图法。

（5）学习无菌操作技术。

二、实验原理

1. 细菌的基本形态

细菌是单细胞生物，一个细胞就是一个个体。细菌的基本形态有三种：球状、杆状和螺旋状，分别被称为球菌、杆菌和螺旋菌。

球菌根据分裂后细胞排列方式的不同进行分类。细胞分裂后，新个体分散而单独存在，是单球菌，如尿素微球菌（*Micrococcus ureae*）。两个细胞成对排列，是双球菌，如肺炎双球菌（*Diplococcus pneumoniae*）。经两次分裂形成的四个细胞联在一起呈田字形，是四联球菌，如四联微球菌（*Micrococcus tetragenus*）。多个细胞排成链状，是链球菌，如乳链球菌（*Streptococcus lactis*）。细胞沿着三个互相垂直的方向进行分裂，分裂后的 8 个细胞叠在一起呈魔方状，是八叠球菌，如尿素八叠球菌（*Sarcina ureae*）。细胞无定向分裂，形成的新个体排列成葡萄串状，是葡萄球菌，如金黄色葡萄球菌（*Staphylococcus aureus*）。

杆菌的大小以“宽度×长度”表示，一般为（0.2～1.25）μm×（0.5～5.0）μm。分为单杆菌、双杆菌、链杆菌等。菌体两端形态各异，如钝圆、平截或略尖等。各种杆菌的长度与直径比例差异很大，有的粗短，有的细长。杆菌是细菌中种类最多的，如大肠杆菌（*Escherichia coli*）、枯草芽孢杆菌（*Bacillus subtlis*）等。

螺旋菌大小一般为（0.3～1.0）μm×（1.0～50）μm，根据细胞弯曲程度和螺旋数目分为两种。若菌体弯曲不足一圈，似逗号形，称为弧菌，如霍乱弧菌（*Vibrio cholerae*）；菌体回转如螺旋状，则称为螺菌，如减少螺菌（*Spirillum minus*）。除此之外，还有一些特殊形态的细菌，如长有附属丝的红微菌、丝状的亮发菌等。

2. 细菌的特殊结构

细菌的特殊结构有荚膜、鞭毛、菌毛和芽孢。

1）荚膜

荚膜是指某些细菌在细胞壁外包绕的一层界限分明且不易被洗脱的黏稠性物质，厚度≥0.2 μm 为荚膜，厚度<0.2 μm 为微荚膜。其主要成分是多糖类，不易被染色，故常用衬托染色法，使菌体和背景着色，而把不着色且透明的荚膜衬托出来。荚膜对碱性染料的亲和性低，普通染色在光学显微镜下只能看见菌体周围有一圈未着色的较肥厚的透明圈；如用墨汁作负染色，则荚膜显现更为清楚。固氮菌荚膜染色结果如图 1-1 所示。

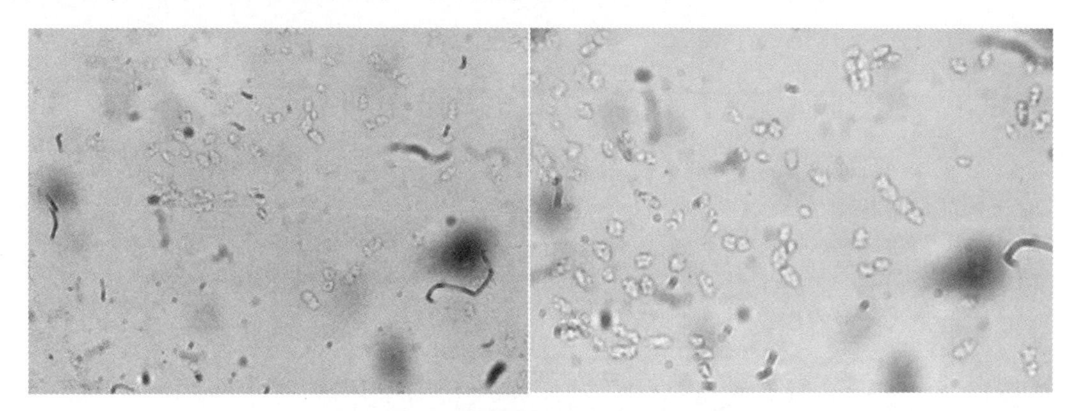

图 1-1 固氮菌荚膜染色结果（见彩插）

荚膜的主要功能是：①对细菌具有保护作用：荚膜处于细菌细胞最外层，因其屏障作用可有效保护菌体免受或少受多种杀菌、抑菌物质的损伤；因其亲水性、带正电及其空间占位，可有效抵抗寄主吞噬细胞的吞噬作用；还可以保护自身免受噬菌体的吸附；荚膜多糖含水量在 95%以上，为高度水合分子，可保护菌体免受干旱损伤；储藏碳源和能源养料：当缺乏营养时，荚膜可被利用作碳源和能源，有的荚膜还可作氮源。②致病作用：因其黏附作用，荚膜多糖使细菌彼此间粘连，也可黏附于组织细胞或无生命物体表面，是引起感染的重要因素。

2）鞭毛

鞭毛是由细胞质伸出的蛋白性丝状物，其长度通常超过菌体若干倍。少则 1～2 根，多则数百根。具有鞭毛的细菌大多是弧菌、杆菌和个别球菌。鞭毛纤细，长 3～20 μm，直径仅 10～20 nm。经特殊的鞭毛染色使鞭毛增粗并着色后，可在光学显微镜下看到，也可直接用电子显微镜观察。

鞭毛按数目和排列方式可分为：①周鞭毛，菌体周身随意分布许多鞭毛，如图 1-2 所示；②单鞭毛，位于菌体一侧顶端仅 1 根鞭毛；③双鞭毛，位于菌体两端各 1 根鞭毛；④丛鞭毛，位于菌体极端有数根成丛的鞭毛。鞭毛功能及应用：①化学趋向性运动，鞭毛是细菌的运动器官，有助于细菌向营养物质处前进，而逃离有害物质。细菌能否运动可用于细菌的鉴定和分类。②致病作用：鞭毛运动能增强细菌对宿主的侵害，因运动往往有化学趋向性，可避开有害环境或向高浓度环境的方向移动。③抗原性：鞭毛具有特殊 H 抗原，可用于血清学检查。

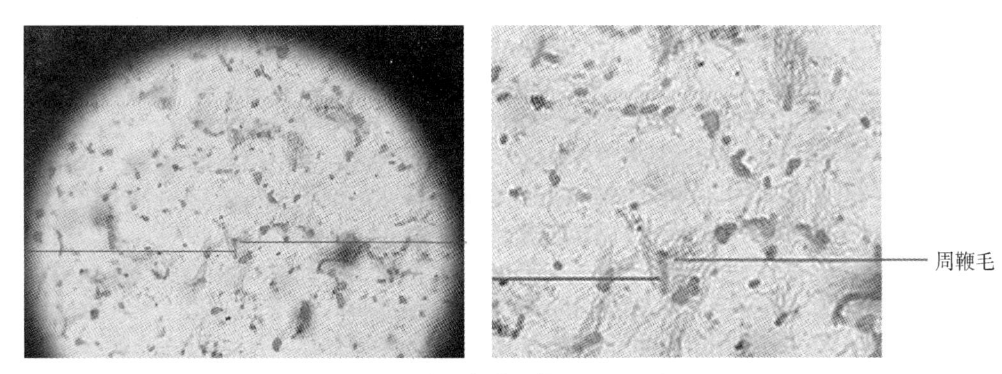

图 1-2　变形杆菌周鞭毛（见彩插）

3）菌毛

许多革兰氏阴性菌和个别阳性菌，菌体表面有极其纤细的蛋白性丝状物，称为菌毛。菌毛比鞭毛更细，且短而直，硬而多，须用电镜才能看到。菌毛可分为普通菌毛和性菌毛两类。

普通菌毛：菌毛遍布整个菌体表面，形状短而直，数百根。普通菌毛是细菌的黏附器官，细菌借菌毛的黏附作用使细菌牢固黏附在细胞上，并在细胞表面定居。

性菌毛：性菌毛比普通菌毛长而粗，仅有 1~10 根，呈中空管状。通常把有性菌毛的细菌称为雄性菌（F^+菌）。无性菌毛的细菌称为雌性菌（F^-菌）。带性菌毛的细菌具有致育性，细菌的毒力质粒和耐药质粒都能通过性菌毛的接合方式转移。性菌毛能将 F^+菌的某些遗传物质转移给 F^-菌，使后者也获得 F^+菌的某些遗传特性。细菌的抗药性与某些细菌的毒力因子均可通过此种方式转移。

4）芽孢

芽孢是某些细菌（主要是革兰阳性杆菌）在一定条件下，细胞质、核质脱水浓缩而形成的圆形或椭圆形的小体（图 1-3）。由于芽孢对热、干燥、辐射、化学消毒剂等理化因素具有强大抵抗力，故在医学实践中具有重要意义：①抵抗力强的芽孢可在自然界存活多年，成为某些疾病的潜在传染源；②能形成芽孢的细菌污染了病房、手术室等，必须封闭房间进行彻底灭菌；③因芽孢对理化因素的抵抗力强，故可以芽孢是否被杀死而作为判断灭菌效果的指标；④细菌芽孢的形状、大小、位置等随菌种而异，具有重要鉴别价值。其功能是：①芽孢的抵抗力很强；②芽孢在适宜条件可以发育成相应的细菌；③鉴定细菌的依据之一。

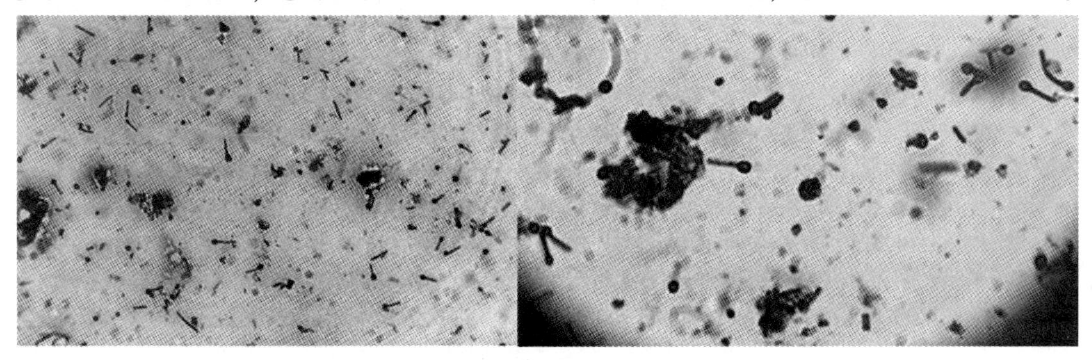

图 1-3　破伤风梭菌芽孢（见彩插）

3. 细菌的菌落特征

细菌的种类丰富多样。在菌种筛选、鉴定和杂菌识别的实际工作中，识别细菌最简单的方法就是观察菌落的形态特征。菌落是由细菌在固体培养基上（内）生长发育，形成以母细胞为中心的一团肉眼可见的，有一定形态、构造等特征的子细胞集团。由于菌落的形态、构造是细菌细胞的形态、构造及生长行为在宏观层次上的反映，因此不同的细菌所形成的菌落具有不同的特征，这为细菌的识别提供了客观依据。

细菌菌落的特征包括菌落大小、形态、隆起状态、含水状态、菌落颜色、透明度、与培养基结合程度、边缘特征等。细菌是原核微生物，所以形成的菌落较小；细菌呈单细胞生长，菌落内的子细胞间充满着水分，所以细菌菌落较湿润、透明，表面较为光滑，与培养基不结合、易被接种环挑起；菌落正面与反面、中央与边缘颜色较一致。

球菌形成隆起的菌落。产生色素的细菌菌落显现相应的颜色。有鞭毛的细菌形成的菌落大而扁平，边缘很不规则，没有鞭毛的细菌形成小而凸起、边缘整齐的菌落。具有荚膜的细菌形成的菌落较大型、黏稠，表面较透明，边缘光滑整齐。有芽孢的细菌菌落由于芽孢与菌体光折射率的不同而使菌落表面显现干燥皱褶，有些较难挑起。

4. 油镜的基本原理

微生物个体非常微小。人类肉眼分辨率只有 0.2 mm，所以很难用肉眼去观察微小的生物体。显微镜是观察微生物必不可少的工具。显微镜分类非常多，根据原理不同可分为光学显微镜、电子显微镜、数码显微镜、便携式显微镜等。微生物学实验中最常用的是光学显微镜。光学显微镜也有多种分类方法，可根据实验目的与要求的不同选择不同的显微镜类型。细菌形态特征常用普通光学显微镜进行观察。其光学放大系统包括目镜和物镜两组透镜系统。目镜一般由接目透镜和场镜两块透镜组成，不同的目镜上标有 5×、10×、16×、20×等不同的放大倍数。物镜由多块透镜组成，根据物镜的放大倍数和使用方法的不同，分为低倍物镜、高倍物镜和油浸物镜（油镜）三种。低倍物镜有 4×、10×、20×，高倍物镜为 40×，油浸物镜为 100×。被观察物体经目镜和物镜放大后，总的放大倍数是目镜放大倍数与物镜放大倍数的乘积。

一台显微镜质量的优劣不仅在于其总的放大倍数，更重要的是分辨率的大小。

分辨率是指显微镜能分辨出物体两点之间最小距离（D）的能力。D 值越小，表明分辨率越高。D 值与光线的波长 λ 成反比，与物镜的数值孔径（NA）成反比。D 值可用下列公式表示：

$$D=0.61\lambda/\mathrm{NA}=0.61\lambda/[n\sin(\alpha/2)]$$

式中：D—分辨率；λ 光源波长；NA—物镜的数值孔径，$\mathrm{NA}=n\cdot\sin(\alpha/2)$；$n$—介质折射率；$\alpha$—物镜镜口角（标本在光轴的一点对物镜镜口的张角，如图 1-4 所示）。

从上式可以看出，缩短光源波长和增大数值孔径都可以提高显微镜分辨率。①缩短光源波长 λ，但是普通光学显微镜所用光源的波长不可能超过眼睛可以感知的电磁波的波长范围（400~760 nm）；②增大介质折射率 n；③增大镜口角 α，即尽可能地使物镜与标本的距离减小。

数值孔径是表示物镜性能的指标，是指光线投射到物镜上的最大角度（镜口角 α）的一半的正弦与介质折射率 n 的乘积。其数值大小，分别标刻在物镜和聚光镜的外壳上。影响数值孔径大小的因素，一个是镜口角，一个是介质的折射率。

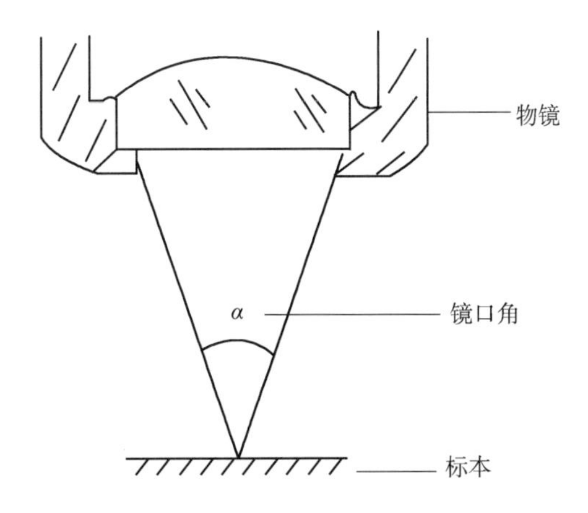

图 1-4 物镜的镜口角

高倍镜工作距离为 0.5~0.7 mm，低倍镜工作距离为 4~8 mm。当使用低倍物镜和高倍物镜观察物体时，物镜与玻片之间的介质为空气，当光线通过不同密度的介质（玻片→空气→透镜）时，由于空气（n=1.0003）与玻璃（n=1.52）的折射率不同，光线由相对光密介质（玻璃）进入相对光疏介质（空气）时，部分光线会发生折射而散失，不仅使进入物镜的光线减少，降低了视野照明度，而且由于工作距离较长，镜口角减小。介质折射率低、镜口角小，使得低倍镜、高倍镜数值孔径较小，分辨率较低，使物像观察不清。

当使用放大倍数为 100×、工作距离为 0.1 mm 的油镜时，在置于载玻片上的盖玻片上滴加香柏油，使物镜浸入油滴中，物镜与玻片之间的介质变为香柏油。香柏油的折射率（n=1.515）与玻璃的折射率（n=1.52）相近，则使进入油镜的光线增多，视野亮度增强，相对于低倍镜和高倍镜来说，更重要的是油镜的介质折射率提高、镜口角增大，使得油镜数值孔径增大、分辨率提高，从而使观察物像清晰呈现。

油镜是实验室常用的显微镜物镜，常用于观察细菌、衣原体、细胞器等。

对于显微镜系统中给定的物镜来说，镜口角已经固定，若想增大其 NA 值，唯一的办法是增大介质折射率。

5. 革兰氏染色法

革兰氏染色（Gram Staining）是由丹麦医生汉斯·克里斯蒂安·革兰（1853—1938）于 1884 年所发明，最初是用来鉴别肺炎球菌与克雷白氏肺炎菌之间的关系，后来德国病理学家 Carl. Weigert（1845—1904）在革兰染色方法基础上加入番红复染，使其成为微生物学研究领域最为常用的染色方法之一。根据细菌细胞壁结构与成分的不同，经革兰氏染色可将细菌分为两大类：革兰氏阳性（Gram Positive，G^+）菌与革兰氏阴性（Gram Negative，G^-）菌。

G^+：细胞壁含有较厚（20~80nm）的肽聚糖层，占细胞壁成分的 40%~95%，类脂质含量很少（小于 2%）。除链球菌外，大多数 G^+细菌细胞壁中含极少蛋白质。通过结晶紫初染和碘液媒染后形成了不溶于水的结晶紫-碘的复合物。乙醇脱色后，因失水反而使胞壁孔径缩小，初染剂结晶紫与媒染剂碘形成的复合物留在壁内，而使细菌细胞壁保留初染颜色——蓝紫色。

G^-：细胞壁含有较薄的肽聚糖层（10%），类脂质含量较高（20%）。脱色过程中，类脂质易被乙醇溶解，而使细胞壁通透性增大，使结晶紫-碘复合物渗出而被脱除，再经过复染后，细胞壁被染成复染剂番红的颜色——红色。

大肠杆菌是革兰氏阴性杆状细菌，金黄色葡萄球菌是革兰氏阳性球状细菌，经过革兰氏染色，两者着附不同颜色，在显微镜下易于区别和观察。

6. 微生物绘图法

微生物绘图是学习微生物学行之有效、不可或缺的实验方法。将显微镜下观察到的微生物形态特点、特殊结构等绘制下来，可加深对理论知识的理解和掌握。

进行微生物绘图，首先要明确绘图所要表达的内容。明确所绘制微生物的外形、结构、大小、排列、特殊构造、染色性等特点和要点。例如肺炎双球菌菌体常成矛头状、双球排列，有荚膜；八叠球菌一般 8 个细胞相互排列成立方体状；炭疽杆菌菌体粗大，两端平截或凹陷，排列似竹节状；破伤风梭菌属于大型杆菌，直径大于菌体的正圆形芽孢位于菌体顶端，具有菌体鼓槌状或火柴球杆状等典型特征。其次绘图要与显微观察结果一致，避免主观臆造，将显微视野固定在典型区，只绘制有代表性的典型区域。再次，微生物绘图应遵循生物绘图的原则。应具有高度的科学性、不得有科学性错误。形态结构必须准确，比例要正确，力求真实感、立体感，准确而美观。图面应整洁，绘图大小适宜，位置略偏左，右侧留作图注。最后，微生物绘图应用生物绘图的科学方法。生物绘图手法通常采用“积点成线，积线成面”，即用线条和圆点来绘作全图。绘制的所有线条要求均匀、平滑，无深浅、虚实之分，无明显的起笔落笔痕迹，尽量一笔绘就不反复。圆点要点圆、点匀，用其疏密程度表示不同部位的颜色深浅。主要结构需有轮廓，重要结构绘图必须完善。图注线用直尺画出，间隔均匀，且一般多向右边平行引出，图注部分接近时可用折线，但图注线之间不能交叉，图注要尽量排列整齐。绘图完成后在绘图纸上方写明实验名称、班级、姓名、时间，在图下方注明图名及放大倍数（目镜放大倍数×物镜放大倍数）。

三、实验器材与试剂

1. 实验仪器

普通光学显微镜。

2. 微生物材料

（1）装片：金黄色葡萄球菌、八叠球菌、枯草芽孢杆菌、大肠杆菌、苏云金芽孢杆菌、巨大芽孢杆菌、破伤风梭菌、固氮菌、螺菌、变形杆菌。

（2）菌液：金黄色葡萄球菌、大肠杆菌、枯草芽孢杆菌菌液或几种菌的混合培养液。

（3）金黄色葡萄球菌、大肠杆菌、枯草芽孢杆菌平板培养物。

3. 实验试剂

草酸铵结晶紫染液、革氏碘染液、95%乙醇、番红染液、香柏油、乙醚乙醇混合溶液（7∶3）、无菌水。

4. 实验用具

载玻片、接种环、酒精灯、擦镜纸、吸水纸、镊子、双层滴油瓶、无菌牙签。

四、实验内容与方法

1. 油镜的使用方法

（1）显微镜放置：右手紧握镜臂，左手托稳镜座，将显微镜放置于座前桌面偏左、距离桌沿 10 cm 左右的位置。

（2）打开电源开关，调节光线到合适亮度。

（3）标本放置：下降镜台或上升镜筒，将标本放置于镜台上，用标本夹夹稳，调节标本移动旋钮使标本被观察部位位于通光孔正中央。

（4）先用低倍镜（10×、40×）观察，找到合适的视野。

（5）油镜观察：在标本上滴加一小滴香柏油，转动物镜转换器为油镜。从侧面仔细观察，缓慢降低油镜镜头，让油镜浸入香柏油油滴中并使镜头贴紧标本载玻片（同时注意观察避免贴压过紧造成镜头和标本的损坏）。然后目视目镜镜筒，缓慢调节粗调节旋钮上升油镜镜筒到可见模糊物像，然后调节微调节旋钮直至物像清晰。

（6）油镜的清洁：用完油镜后，先用擦镜纸将油镜镜头及标本上的香柏油擦除，再用擦镜纸蘸取无水乙醇和无水乙醚（3∶7 或 4∶6）的混合擦镜液沿一个方向擦拭镜头，最后再用干净擦镜纸擦拭干净。

（7）显微镜使用结束后，调节亮度旋钮至最低，关闭电源，镜头旋成“8”字形，罩好罩布存放。

2. 细菌基本形态观察

（1）球菌观察：油镜下观察金黄色葡萄球菌、八叠球菌装片并对其基本形态绘图（注意观察细菌细胞大小、染色、排列方式）。

（2）杆菌观察：油镜下观察实验室常见细菌大肠杆菌、枯草芽孢杆菌的装片，对其基本形态绘图（注意观察细菌细胞大小、染色、排列方式）。

（3）螺菌观察：油镜下观察螺菌装片，对其基本形态绘图（注意观察菌体大小及染色情况）。

3. 细菌特殊结构观察

（1）荚膜观察：油镜下观察固氮菌装片荚膜情况并绘图（注意荚膜与菌体关系、荚膜与菌体的染色差异及荚膜大小）。

（2）鞭毛观察：油镜下观察变形杆菌、螺菌装片鞭毛并绘图（注意鞭毛染色、位置、数目、形状和大小）。

（3）芽孢观察：油镜下观察巨大芽孢杆菌、枯草芽孢杆菌、破伤风梭菌装片芽孢特征并绘图（注意芽孢和菌体的染色差异、芽孢形状、大小和位置）。

4. 常见细菌的菌落特征观察

对接种于平板培养基上的金黄色葡萄球菌、大肠杆菌、枯草芽孢杆菌菌落特征进行观察。

5. 细菌的革兰氏染色

分别取金黄色葡萄球菌、大肠杆菌、枯草芽孢杆菌菌液制作涂片后进行革兰氏染色，然后油镜下镜检观察染色结果。

（1）涂片的制作：持接种环在酒精灯火焰上充分灼烧灭菌，待接种环冷却后从菌液试管中取一滴菌液，在洁净的载玻片上涂开，做成薄层的菌体涂膜。

取斜面或平板上的固体培养物时，先在洁净的载破片上滴 1 滴无菌水，然后用无菌接种环挑取少量菌体，置于水滴中涂散并与水充分混匀，做成薄层涂膜。

注意革兰氏染色时涂片不宜过厚且以选用处于对数生长期的细菌为宜（染色结果典型），否则容易出现假阳性或假阴性结果。

（2）干燥：让菌体涂膜在空气中自然干燥。

（3）热固定：手持载玻片一端，使有菌膜一面向上，在酒精灯火焰上连续通过三个来回，注意用手背触摸载玻片反面以不烫手为宜，或者借助镊子和载玻片架完成热固定操作，以免烫伤。加热时注意不要将载玻片在火焰上烧烤时间过长，以免载玻片破裂。通过加热使细胞固定在载玻片上，可防细菌在染色后冲洗步骤中被冲走，同时也可以杀死大多数细菌并且不破坏细胞形态。

（4）结晶紫初染：滴加数滴结晶紫染液于细菌涂片上，覆盖菌膜，染色计时 1 min。

（5）水洗：先将自来水或洗瓶打开至水滴连续滴下状态，手持斜置玻片，使水滴滴于装片菌膜上方，洗涤液缓和流下。洗至基本无紫色液流出为止。切勿用水直接在菌膜处冲洗。将玻片上水渍轻轻甩落，用吸水纸将载玻片周围水渍吸干。

（6）碘液媒染 ：滴加几滴卢戈氏碘液覆盖涂片，媒染计时 1 min，水洗，方法同上。

（7）95%乙醇脱色：倾斜装片，从菌膜上方连续滴加 95%的乙醇，直至流出的乙醇无紫色时，停止脱色（或至多脱色 30 s），然后立即水洗。

（8）番红复染：滴加番红染液覆盖菌膜，复染 2 min 左右，然后水洗。

（9）吸干：用吸水纸平折包住装片，轻轻按压，吸干液体；

（10）油镜镜检：不加盖玻片，直接滴加一小滴香柏油，油镜下镜检观察。

五、实验结果与讨论

（1）细菌基本形态及特殊结构绘图。

（2）记录描述所观察的细菌的菌落特征。

（3）记录革兰氏染色结果，并描述菌体形状、菌体排列和颜色，看看与理论上是否相同，如不同，请分析原因。

六、思考题

（1）哪些环节会影响革兰氏染色结果的正确性，革兰氏染色成功的关键步骤是什么？为什么？

（2）进行革兰氏染色时，为什么特别强调菌龄不能太老，用老龄细菌染色出现什么问题？

（3）进行细菌制片时为什么要进行加热固定？如果涂片未经热固定，将会出现什么问题？在加热固定时需要注意什么？

（4）你认为制备细菌染色标本时，应该注意哪些环节？

（5）革兰氏染色时，初染前能加碘液吗？乙醇脱色后复染之前，革兰氏阳性菌和革兰氏阴性菌应分别是什么颜色？不经过复染这一步，能否区别革兰氏阳性菌和革兰氏阴性菌？

（6）为什么要求制片完全干燥后才能用油镜观察？

实验二　放线菌、霉菌形态与菌落特征观察及酵母菌显微计数

一、实验目的

（1）认识霉菌、放线菌的形态特征及菌落特征。

（2）了解血球计数板的构造与原理，掌握用血球计数板进行微生物计数的方法。

二、实验原理

1. 霉菌的基本形态

霉菌不是分类学的名词，而是产生分枝菌丝的真菌的统称，意即“发霉的真菌”。它们往往能形成分枝繁茂的菌丝体，但又不像蘑菇那样产生大型肉质的子实体。构成霉菌营养体的基本单位是菌丝。

在显微镜下观察，霉菌菌丝是一种透明的胶管状的细丝，直径为 3~10 μm，比细菌和放线菌的细胞粗至几倍到几十倍。菌丝可伸长并产生分枝，菌丝细胞的分裂多在每条菌丝的顶端进行，前端分枝。许多分枝的菌丝相互交织在一起，为菌丝体。常见的菌丝体有白色、褐色、灰色，或鲜艳的颜色。如毛霉疏松发达毛状的营养菌丝，初期为白色，后变为灰色或黑色；青霉的营养菌丝为无色或淡色的菌丝体，在气生菌丝上产生的多极帚状分枝的分生孢子梗顶端产生分生孢子，呈绿色、蓝色或黄色，致使各种青霉的菌落具有特有的颜色；黄曲霉菌落正面的颜色随着逐渐生长会由白色变为黄色、黄绿色，呈半绒毛状，孢子成熟后菌落颜色变为褐色。

菌丝可不断自前端生长并分枝，无隔或有隔，具有一个至多个细胞核。根据菌丝中是否存在隔膜，霉菌菌丝有无隔菌丝及有隔菌丝两种类型。无隔菌丝：菌丝中无隔膜，整团菌丝体就是一个单细胞，其中含有多个细胞核。这是低等真菌（即鞭毛菌亚门和接合菌亚门中的霉菌）所具有的菌丝类型。有隔菌丝：菌丝中有隔膜，被隔膜隔开的一段菌丝就是一个细胞，菌丝体由很多个细胞组成，每个细胞内有 1 个或多个细胞核。在隔膜上有 1 至多个小孔，使细胞之间的细胞质和营养物质可以相互流通。这是高等真菌（即子囊菌亚门和半知菌亚门中的霉菌）所具有的菌丝类型。

为有效地摄取营养、适应环境、满足生长发育的需要，霉菌菌丝具有营养菌丝和气生菌丝的分化。在固体基质上生长时，部分菌丝深入基质吸收营养，称为基质菌丝或营养菌丝；向空中伸展的称为气生菌丝。许多霉菌的菌丝可以分化成一些特殊的形态和组织，即菌丝变态。锈菌、霜霉菌和白粉菌等专性寄生霉菌的菌丝上产生出分枝，侵入细胞内分化成根状、指状、球状和佛手状等的“吸器”，用以吸收寄主细胞内的养料；根霉属霉菌的菌丝与营养基质接触处分化出“假根”，有固着和吸养料的功能；某些捕食性霉菌的菌丝变态形成“菌环”或“菌网”，用于捕捉其他小生物如线虫、草履虫等；药用的茯苓、麦角等由大量菌丝集聚成紧密的休眠体“菌核”，其外层组织坚硬，颜色较深；内层疏松，多呈白色。

一般霉菌通过产生无性孢子和有性孢子两种方式繁殖。霉菌气生菌丝进一步发育为繁殖菌丝，产生孢子。无性孢子和有性孢子的特征及菌丝特征是霉菌分类鉴定的重要依据。

霉菌在固体基质中生长发育形成的菌落特征是其菌丝体及孢子体特征的综合反映。气生

菌丝间没有毛细管水，霉菌菌落外观较干燥、质地疏松、大而不透明，呈现绒毛状、棉絮状或蛛网状，不易挑取，菌落正反面颜色及构造等常不一致。

霉菌制片在显微镜下形态特征的观察须着重注意菌丝体分化出的特化结构、菌丝的大小、菌丝隔膜的有无、无性繁殖及有性繁殖产生的孢子类型、着生方式等。如根霉具有假根、匍匐菌丝、孢子囊梗、孢子囊、囊轴、菌丝无隔等特征（图 2-1）；曲霉营养菌丝有隔、分生孢子梗无隔，具有顶囊和足细胞（图 2-2、图 2-3）；青霉菌丝和分生孢子梗有隔，具有帚状分枝（图 2-4）。

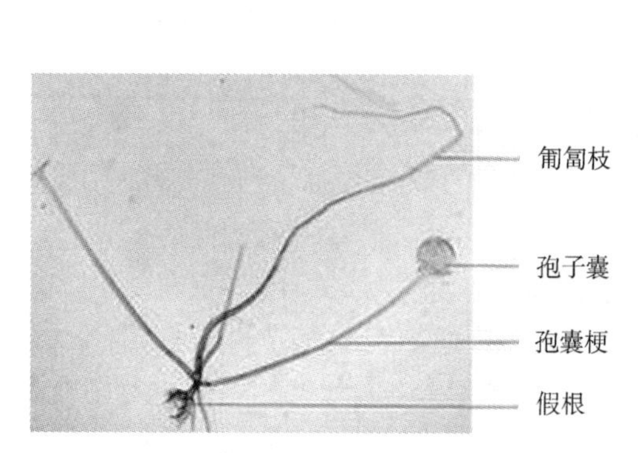

图 2-1　根霉的显微形态（见彩插）

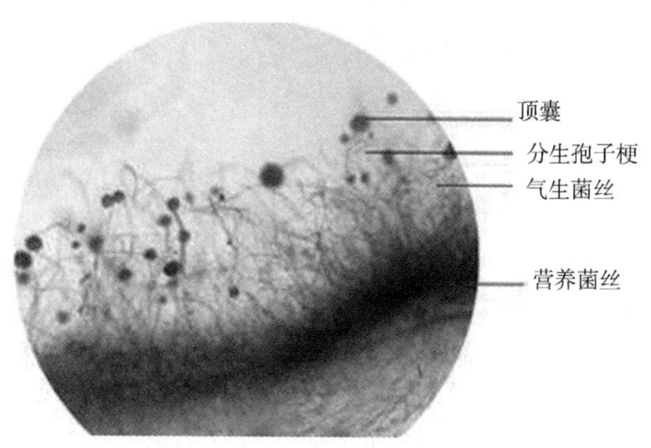

图 2-2　曲霉显微形态（见彩插）

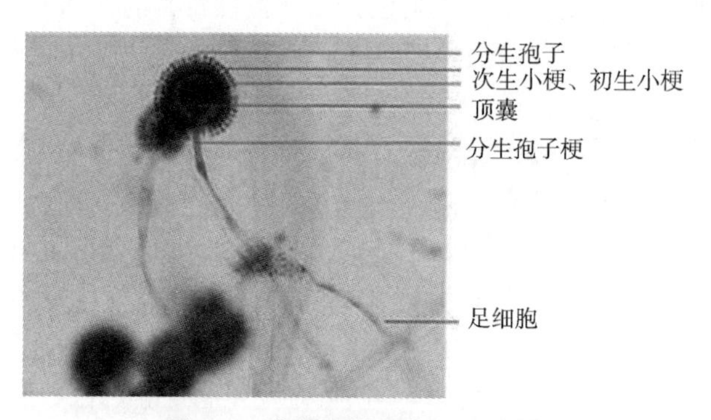

图 2-3　曲霉显微形态（见彩插）

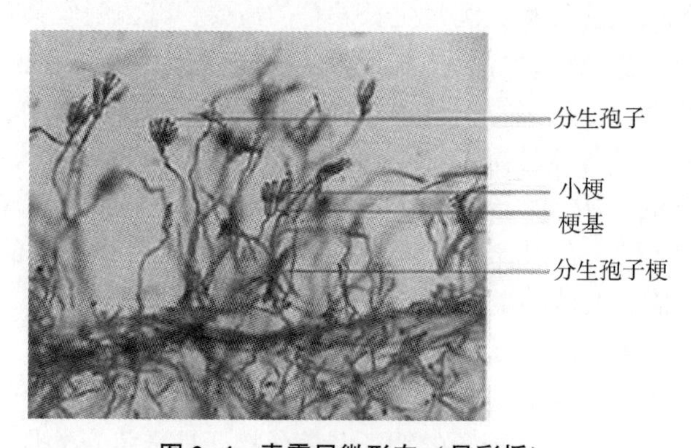

图 2-4　青霉显微形态（见彩插）

2. 放线菌的基本形态

放线菌（actinomycete）属于原核生物类群、细菌界，具有分支状菌丝体，革兰氏染色为阳性。放线菌只是形态上的分类，因菌落呈放线状而得名。在自然界广泛分布，主要以孢子繁殖，其次是断裂生殖。与一般细菌一样，多为腐生，少数寄生。结构与细菌相似，具有细胞壁、细胞膜、细胞质、拟核等基本结构。个别种类的放线菌也具有细菌鞭毛样的丝状体，但一般不形成荚膜、菌毛等特殊结构。放线菌的孢子在某些方面与细菌的芽孢有相似之处，都属于内源性孢子，但细菌的芽孢仅是休眠体，不具有繁殖作用，而放线菌产生孢子则是一种繁殖方式。

放线菌菌体由菌丝体构成，其菌丝有基内菌丝（营养菌丝）、气生菌丝和孢子丝三种类型。基内菌丝（substrate mycelium）是放线菌孢子落在固体基质表面，吸收水分肿胀、萌芽，向基质四周表面和内部伸展形成的菌丝，又称营养菌丝（vegetative mycelium），直径为0.2~0.8μm，色淡，主要功能是吸收营养物质和排泄代谢产物。气生菌丝（aerial mycelium）是基内菌丝长出培养基外并伸向空间的菌丝（图2-5）。一般气生菌丝颜色较深，菌丝较粗，直径为1.0~1.4 μm，形状直伸或弯曲，可产生色素。孢子丝（spore hypha）是气生菌丝发育到一定程度，通过细胞膜内陷或细胞壁和细胞膜同时内缩、缢缩进行横隔分裂在顶端分化出孢子的菌丝。不同放线菌孢子丝的形态及其在气生菌丝上的排列方式不同。常见的孢子丝有直形、波曲、钩状、螺旋状等，呈对生、互生、丛生或轮生。孢子形状不一，其表面光滑或褶皱，疣状、刺状、毛发状或鳞片状，形状比较稳定，是菌种分类、鉴定的重要依据。

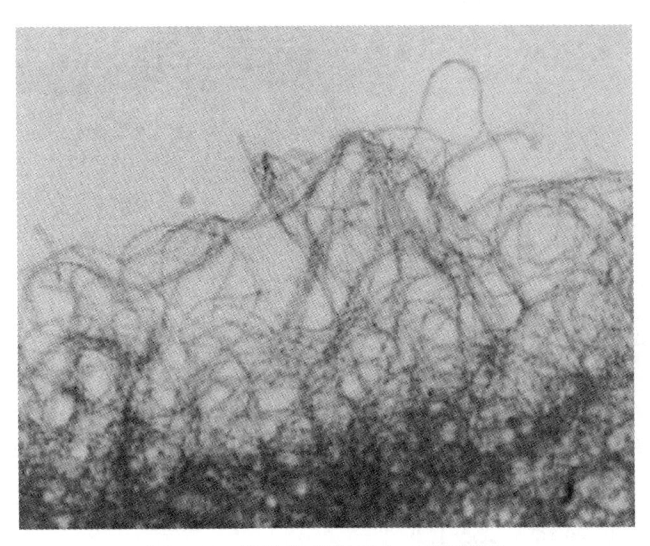

图2-5　放线菌显微形态（见彩插）

不同放线菌菌落形态具有一定差异，多数放线菌在固体基质上进行基内菌丝、气生菌丝、孢子丝的分化。气生菌丝在空间伸展、顶端产生干粉状孢子。菌丝间没有毛细管水存积，使放线菌形成的菌落干燥、不透明，表面丝绒状，上罩薄层干粉，菌落难以挑起，正反颜色常不一致。

3. 血球计数板的构造与计数原理

血球计数板是一种常用的细胞计数工具，常用来计数红细胞、白细胞以及较大单细胞微生物如酵母细胞、霉菌孢子等的数量，但不便于对形态微小的细菌等样品进行计数。细菌细胞计数可采用 Helber 型细菌计数板进行准确的计数。

血球计数板由精密厚玻璃制成。四条平行槽将计数板隔成三个平台，中间较宽的平台比两侧平台下陷 0.1 mm，并被一短槽隔成两半。其每边平台各刻有一个同样大小的方格网。在两侧平台上加盖盖玻片后，中间平台深度 0.1 mm，中央大方格长 1 mm、宽 1 mm，体积为 0.1 mm^3，容积为 10^{-4} mL，即为计数室。

计数室分为两种类型，如图 2-6 所示。一种是 25×16 型的汤麦式，计数室内分为 25 个中格，每一个中格又分为 16 个小格；另一种是 16×25 型的希利格式计数室，中央大方格分为 16 个中格，每一个中格又分为 25 个小格。无论哪种规格，计数室的小方格数均为 400 个。计数时，先计得若干个中格中的细胞数，除以这些中格包含的小格数，得到每个小格中的平均细胞数，再乘以 400 得到整个计数室中的细胞数，计数室的容积是10^{-4} mL，所以再除以计数室的容积数、乘以稀释倍数，即可得到每毫升菌液中所含有的微生物细胞数。

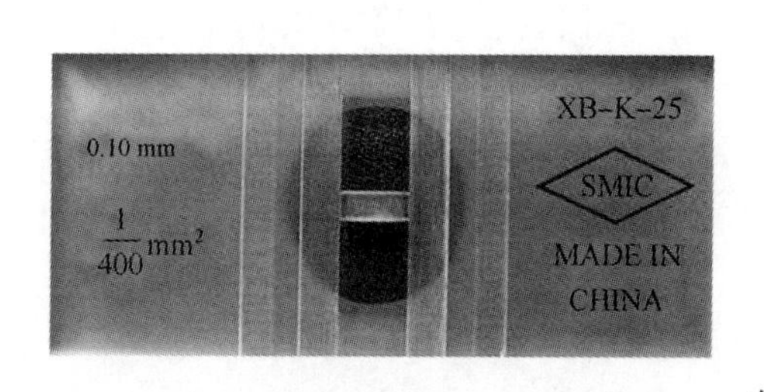

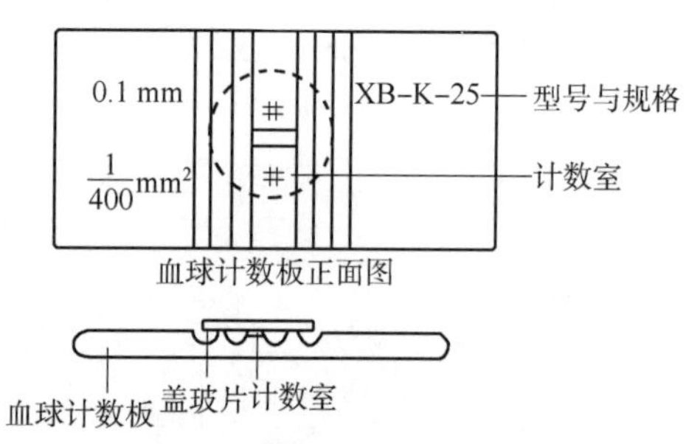

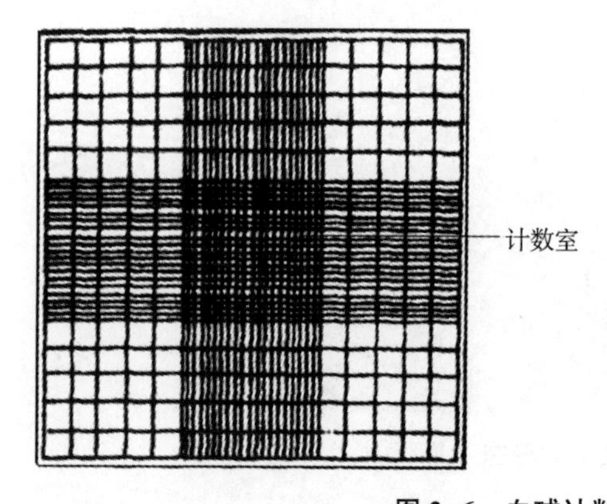

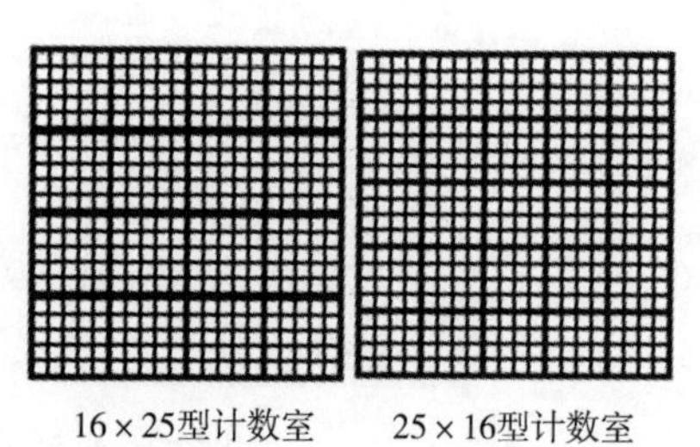

图 2-6 血球计数板的构造

计数原则：位于大方格或中格边线上的细胞，数左不数右、数上不数下。对酵母细胞计数，如遇酵母出芽，芽体大小达到母细胞的一半时，即作两个菌体计数。若各中格的细胞数相差不大，表明菌悬液较为均匀，数据可以使用。此法计得的微生物细胞数是死菌细胞数与活菌细胞数的总和。若要区分计数死菌与活菌值，应采用活体染色法以示区分。

三、实验器材与试剂

1. 实验仪器

普通光学显微镜、血球计数板、手动计数器。

2. 微生物材料

（1）装片：青霉、曲霉、根霉、链霉菌。

（2）啤酒酵母菌液。

3. 实验用具

载玻片、盖玻片、胶头滴管、洗瓶、擦镜纸。

四、实验内容与方法

1. 酵母菌的显微计数

（1）稀释：将啤酒酵母菌悬液用无菌水进行适当稀释。

（2）镜检计数室：在加样前，先对计数板的计数室进行镜检，若有污物则需清洗。

（3）加样品：在清洁干燥的血球计数板上盖上盖玻片。用细口滴管吸取振荡均匀的啤酒酵母菌稀释液，对准盖玻片边缘，轻挤胶头，让菌液沿缝隙靠毛细渗透作用自行进入计数室，让计数室刚好充满菌液。注意不可有气泡，每次吸液前都要振荡均匀！

（4）显微镜计数：将血球计数板置于显微镜载物台上，先用低倍镜找到计数室所在位置，然后换成高倍镜（40×）观察。静置 1 min 后进行计数。在计数前若发现菌液太浓或太稀，需重新调节稀释度后再做计数。

（5）显微镜计数方法：

样品稀释度要求每中格内有 10~20 个菌体为宜。

① 16×25 型计数板：取左上、右上、左下、右下四个角上的中方格（共 4 个中格，100 个小格）内的细胞逐一进行计数。

② 25×16 型计数板：取左上、右上、左下、右下四个中方格外，还需加数中央的一个中方格（共 5 个中格，80 个小格）内的细胞。

③ 记录各中方格的细胞数量，如各中格的细胞数相差不大，表明菌悬液比较均匀，数据可以使用。重复 1~2 次实验过程，取平均值，按下列公式计算每毫升菌液中的酵母菌细胞数。

16×25 型血球计数板的计算公式：

$$\text{酵母细胞数（mL）}=\frac{\text{100 小格内酵母细胞数}}{100}\times 400\times 10^4\times \text{稀释倍数}$$

25×16 型血球计数板的计算公式：

$$\text{酵母细胞数（mL）}=\frac{\text{80 小格内酵母细胞数}}{80}\times 400\times 10^4\times \text{稀释倍数}$$

（6）清洗血球计数板：

计数完毕后，随即将血球计数板用洗瓶冲洗，亦可用棉花擦洗，切勿用硬试管刷洗刷。洗完后用蒸馏水冲洗一遍，斜置晾干或用滤纸吸干。

2. 霉菌的基本形态及菌落特征观察

观察青霉、曲霉、根霉的基本形态及菌落特征。注意观察菌丝（形状、有无隔膜）、菌丝变态（假根、匍匐菌丝、孢子穗、孢子囊、接合孢子囊）等基本形态特征。

(1) 青霉：分生孢子梗、小梗和分生孢子。

(2) 曲霉：分生孢子梗、顶囊、小梗和分生孢子。

(3) 黑根霉：假根、匍匐菌丝、孢子囊梗、孢子囊、孢囊孢子和结合孢子。

(4) 产黄青霉、黑根霉的菌落特征观察。

3. 放线菌的形态及菌落特征观察

观察链霉菌基内菌丝与气生菌丝的分布、粗细及色泽的差异、孢子丝、分生孢子。观察泾阳链霉菌及灰色链霉菌的菌落特征。

五、实验结果与讨论

(1) 绘制青霉、曲霉、根霉的显微特征结构。

(2) 绘制放线菌——链霉菌装片的显微特征结构。

(3) 描述记录产黄青霉、黑根霉、泾阳链霉菌及灰色链霉菌的菌落特征。

(4) 记录计数结果，根据你的实验体会，说明血球计数板计数的误差主要来自哪些方面。

六、思考题

(1) 从菌落形态如何区分放线菌和霉菌？放线菌的微观结构是怎样的？观察放线菌微观结构的方法有哪些？

(2) 在显微镜下观察如何区分放线菌的基内菌丝和气生菌丝？

(3) 简述青霉和曲霉的无性结构特征以及对人们生产生活的影响。

(4) 微生物的计数方法有哪些？各有什么特点？

实验三　培养基的制备及土壤中微生物的检测分离

一、实验目的

(1) 了解培养基的名称、制备原则及制备程序。

(2) 掌握微生物的分离、接种技术。

(3) 理解无菌操作原理，认识微生物无处不在。

(4) 了解高压蒸汽灭菌的基本原理、应用范围及操作方法。

(5) 掌握平板菌落计数法的原理与方法。

二、实验原理

1. 土壤微生物的检测与分离

土壤是微生物的“天然培养基”，是最丰富的菌种资源库。一般在土壤中，细菌最多，放线菌及霉菌次之，而在果园或菜地土壤中酵母菌较多。微生物的生长繁殖分别表现为细胞物质的增加和细胞数目的增加。对样品中微生物细胞数目的检测基于对细胞个体数目的计数，适用于对单细胞微生物的计数，如细菌、酵母菌等，而对放线菌、霉菌等丝状微生物只能计数其产生的孢子数。检测细胞数目的方法有直接计数法（如血球计数板计数法）和间接计数法（如平板菌落计数法）。平板菌落计数法是统计活菌量的有效方法，又称为活菌计数法，在固体培养基上形成的一个菌落单位是由一个单细胞繁殖而来的子细胞群体，通过统计菌落的数目，则可以计算出样品中的活菌数量。

从混杂的微生物群体中获得只含有某一种或某一株微生物的过程称为微生物的分离与纯化。分离纯种技术是微生物实验研究特别是微生物育种工作中常用的技术。平板划线法、稀释涂布法、倾注分离法是用于分离纯种菌落普遍采用的方法。单细胞挑取法、菌丝顶端切割法是获得纯种真菌细胞的方法。

根据微生物对营养成分、酸碱度、温度和氧等要求的不同，选择适合于待分离微生物生长的条件，或在营养成分中加入某种抑制剂，创造只适于目标菌种生长而抑制其他微生物生长的环境，采用稀释涂布法或平板划线法等方法对混合菌种进行分离、纯化，就能获得目标菌种的纯培养（pure culture）。例如，马丁氏培养基是一种用来分离真菌的选择性培养基，其中添加的孟加拉红和链霉素是细菌和放线菌的抑制剂，对真菌无抑制作用，因而真菌在这种培养基上可以得到优势生长，从而达到分离真菌的目的。高氏一号培养基是用来培养和观察放线菌形态特征的合成培养基，在培养基中加入适量的抗菌药物如苯酚，则可抑制细菌和霉菌生长用来分离各种放线菌（苯酚浓度约 0.2%时即有抑菌作用，大于 1%能杀死一般细菌，1.3%溶液可杀死真菌）。

2. 灭菌实验原理

微生物学实验首先要进行严格灭菌，才能保证实验成功性。灭菌，指杀灭或者除去物体上包括细菌、病毒、真菌、支原体、衣原体等以及抵抗力极强的细菌芽孢在内的所有微生物。

常用的灭菌方法有热灭菌法、过滤除菌法、化学试剂灭菌法、辐射灭菌法等。

辐射灭菌法是在一定条件下利用辐射产生的能量进行灭菌的方法。辐射分为电离辐射和非电离辐射两种。较常用的紫外线灭菌、臭氧灭菌属于非电离辐射，微波灭菌属于电离辐射。化学试剂灭菌法，是利用一定浓度下具有杀菌作用的化学试剂进行灭菌的方法，大多数化学药剂在低浓度下起抑菌作用，高浓度下起杀菌作用。化学灭菌常用的试剂包括表面消毒剂、抗代谢药物、抗生素等。化学灭菌剂必须有挥发性，以便清除灭菌后材料上残余的药物，常用的有 5%石炭酸、75%乙醇和乙二醇等。过滤除菌法（filtration）是应用含有微小孔径（比细菌还小）的滤菌器用物理阻留的方法让液体培养基或空气从筛孔流出，各种微生物菌体则留在筛子上，从而将液体或空气中的细菌除去达到除菌目的，主要用于对热不稳定的体积小的液体培养基（如血清、蛋白质、酶、维生素、抗生素等）及空气的除菌。热灭菌法包括湿热灭菌和干热灭菌两种方式。湿热灭菌，即利用蒸汽进行灭菌的方法。湿热灭菌又分为高压、常压、间歇灭菌和巴氏灭菌 4 种。

微生物实验中常用高压蒸汽灭菌法。即把需要灭菌的物品放在密闭的高压蒸汽灭菌锅中，锅内冷空气排净后，待锅内压力上升至 0.1 MPa 时（温度可达 121 ℃）维持 20 min，即可杀死一切微生物的营养体及孢子。实验中用到的一般培养基、玻璃器皿、无菌水、金属用具及具有传染性的标本均需进行高压蒸汽灭菌。由于营养培养基中糖类、淀粉、磷酸盐等不耐热成分长时间高温会遭到破坏，所以对营养成分要求高的营养培养基可降低温度在 0.07 MPa、115.5 ℃下进行灭菌，维持 30 min。

干热灭菌是以干热方法杀死细菌的方法。包括火焰灼烧灭菌和干热空气灭菌。火焰灼烧灭菌，即用火焰直接烧灼耐火焰材料制成的物品与用具，如不锈钢镊子、接种环、涂布耙等在酒精灯火焰下烧灼灭菌，简便、迅速而可靠。干热空气灭菌是将需要灭菌的物品放在干燥箱中，160 ℃温度下维持 2 h 左右，即可达到灭菌目的。干燥箱内温度不能超过 180 ℃，且只有待温度降至 80 ℃以下才能打开箱门。干热空气灭菌适用于玻璃器皿、金属及药物干粉等的灭菌。

三、实验器材与试剂

1. 实验仪器

高压蒸汽灭菌锅、干燥箱、电子天平、恒温培养箱、取液器等。

2. 微生物材料

肥沃土壤 5 g。

3. 培养基

肉汤蛋白胨琼脂培养基（分离细菌）、高氏一号琼脂培养基（分离放线菌）、马丁氏琼脂培养基（分离霉菌）。

4. 试剂

1 mol/L NaOH、1 mol/L HCl、无菌生理盐水、1%链霉素、10%苯酚。

5. 实验用具

培养皿、锥形瓶、试管及试管帽、涂布耙、移液枪、枪头、酒精灯、试管架、pH 试纸、玻璃棒等。

四、实验内容与方法

1. 培养基的制备

分别配制肉汤蛋白胨固体培养基、高氏一号固体培养基、马丁氏固体培养基 200 mL，各移取 5 mL 左右分装入小试管、盖上试管帽、分装 3 支，待灭菌后制成斜面，剩下培养基装入锥形瓶，灭菌后用于制备平板（9 个）。

灭菌好的肉汤蛋白胨培固体养基、高氏一号固体培养基、马丁氏固体培养基冷却到 50~60 ℃时，在高氏一号固体培养基中加入几滴 10%苯酚、混匀，在马丁氏固体培养基中按照 30 μg/mL 终浓度加入链霉素溶液（如每 100 mL 培养基中加入 1%链霉素溶液 0. 3 mL）、混匀，然后无菌操作分别倒制平板。将培养基倒入无菌平皿中，使其布满皿底，每皿装量 15~20 mL（ϕ=9 cm），厚度达 2~3 mm 即可，平板叠放、冷却备用。

2. 土壤中微生物的检测分离

（1）采集土样：选取肥沃的有机地块，铲去表层土壤，采集 5~20 cm 深度的土样装入无菌的牛皮纸袋内，封口，做好编号记录，然后再装入塑料带内带回实验室（或冷藏）供分离使用。

（2）制备土壤稀释液：称取土壤 1. 0 g，放入盛有 99 mL 无菌水的锥形瓶中，置于震荡培养箱振荡 5 min 左右，制成土壤悬液（10^{-2}）。然后，用无菌移液枪或移液管从中吸取 0. 5 mL土壤悬液，放入提前灭菌好的装有 4. 5 mL 无菌水的试管中，混匀，制成稀释 1000 倍的土壤悬液（10^{-3}），然后再从 10^{-3} 土壤悬液中吸取 0.5 mL 土壤悬液，放入 4.5 mL 无菌水试管中制成稀释 10 000 倍的土壤悬液（10^{-4}），以此类推，按照倍比稀释法制成 10^{-5}～10^{-7} 的土壤溶液，混匀，做好标记。

（3）接种和培养：

无菌操作分别吸取 10^{-7}、10^{-6}、10^{-5} 土壤溶液各 0.1 mL，接种到肉汤蛋白胨培养基平板上，然后用无菌涂布耙从低浓度到高浓度，分别将接种液涂布均匀，并使其吸附入培养基中。每个浓度的土壤试样重复 3 只平板。

分别吸取 10^{-5}、10^{-4}、10^{-3} 土壤溶液各 0.1 mL，接种到高氏一号培养基平板和马丁氏培养基平板，做好标记，然后用无菌涂布耙从低浓度到高浓度，分别将接种液涂布均匀，并使其吸附入培养基中。每种培养基、每个浓度的土壤试样需重复 3 只平板，便于统计、减少误差。

肉汤蛋白胨培养基平板倒置于 37 ℃恒温培养箱中培养 24～48 h。

高氏一号培养基平板和马丁氏培养基平板倒置于 28 ℃恒温培养箱中培养 48～72 h。

（4）分离纯化：将肉汤蛋白胨培养基、高氏一号培养基和马丁氏培养基平板培养后长出的单菌落分别挑取少量细胞接种到上述三种培养基的斜面上，并分别置于 37 ℃、28 ℃恒温培养箱中培养。待长出菌苔后，检查菌落特征是否一致，进行细胞涂片染色，在显微镜下观察是否为单一微生物，若有杂菌存在，需再一次进行分离纯化，直至获得纯培养。纯培养斜面置于 4 ℃冰箱中保存。

（5）菌落计数原则和方法：

① 首先对相同稀释度的平板进行菌落计数并计算出平均菌落数。当有一个平板上长有大片菌苔时应舍弃，当菌苔占平板的一半以下、另一半平板菌落平均分布时，可以另一半可数的菌落数的 2 倍记为平板菌落数，然后计算平均菌落数。

② 菌落计数，优先选择平均菌落数在 30～300 之间的平板进行计数。

③ 若某一稀释度的平均菌落数符合此范围时，则以该稀释度的平均菌落数乘以其稀释倍数计为该样品的菌落总数。

④ 若有两个稀释度的平均菌落数在 30～300 之间，按照其菌落总数的比值决定，其比值小于 2，采用两者的平均菌落数计数，若其比值大于等于 2，则报告其中稀释度较小的平均菌落数。

⑤ 如果所有稀释度的平均菌落数都在 30～300 之间，则以稀释度最高的平板菌落数计算。

⑥ 如果所有稀释度的菌落数都小于 30，则以稀释度最低的平板菌落数计算。

⑦ 如果所有稀释度的菌落数都大于 300，则以稀释度最高的平板菌落数计算。

⑧ 如果所有稀释度的菌落数都不在 30～300 之间，则以最接近 30 或 300 的平均菌落数计算。

⑨ 如果所有平板上都密布菌落，不要用“多不可计”表示。应在稀释度最大的平板上，任意数其中 2 个平板上 1 cm^2 范围的菌落数，除以 2 得出 1 cm^2 内的平均数，再乘以 9 cm 直径平皿的底面积 63.6 及稀释倍数后计为平均菌落数。

稀释度的选择及菌落计数报告方式如表 3-1 所示。

表 3-1 稀释度的选择及菌落计数报告方式

序号	不同稀释度的平均菌落			两个稀释度菌落数之比	菌落总数/(cfu·mL^{-1})	报告方式/(cfu·mL^{-1})	备注
	10^{-1}	10^{-2}	10^{-3}				
1	1315	152	23	—	15 200	15 200 或 1.52×10^4	某一稀释度的平均菌落数符合此范围，以此稀释度计算
2	2586	273	47	1.72	37 150	37 150 或 3.7×10^4	两个稀释度菌落数在30~300之间，计算其比值，比值小于2按平均数计算
3	多不可计	280	62	2.2	28 000	28 000 或 2.8×10^4	两个稀释度在30~300之间，计算其比值，比值大于2取较小稀释度菌落数
4	289	167	32	—	32 000	32 000 或 3.2×10^4	所有稀释度平均菌落数都在30~300之间，则以最大稀释度菌落数计
5	多不可计	2769	513	—	513 000	513 000 或 5.1×10^5	都大于300，按最高稀释度计算
6	26	10	6	—	260	260 或 2.6×10^2	都小于30，按最低稀释度计算
7	多不可计	308	11	—	30 800	30 800 或 3.1×10^4	都不在30~300间（小于30或大于300）取接近值

五、实验结果与讨论

（1）记录土壤微生物的分离纯化结果。

（2）一般来说，肥沃土壤中细菌数量级为多少？

六、思考题

（1）微生物培养基质有哪些成分种类？培养基按照物理状态、应用功能分，分别有哪些类型？

（2）灭菌与消毒的区别？常见的灭菌有几种方式？举例说明分别适用于何种情况。

（3）斜面制作要点有哪些？

（4）倒制平板时有哪些注意事项？

（5）应用平板菌落计数法检测微生物活菌数的优缺点及注意事项有哪些？

实验四　菌种的简易保藏

一、实验目的

（1）了解斜面传代低温保藏法、液体石蜡封存法及甘油保藏法的优缺点。
（2）掌握斜面传代低温保藏法、液体石蜡封存法及甘油保藏法保藏菌种的操作方法。

二、实验原理

菌种保藏是一项重要的微生物学工作。为了较长期地保持微生物菌种的特性，防止其发生变异、衰退和死亡，人们创造出了多种保藏菌种的方法，人为地创造适宜条件，如低温、干燥、缺氧、避光、缺乏营养等，使微生物处于代谢缓慢、生长繁殖受到抑制的休眠状态，从而达到保藏的目的。常用的菌种保藏方法有斜面传代低温保藏法、液体石蜡封存法、甘油保藏法、冷冻干燥法、液氮超低温保藏法等。

斜面传代低温保藏法是对经常使用的微生物菌种进行保藏的方法之一，是将斜面培养基上生长旺盛或某些菌种培养至产生休眠体后，将斜面试管直接放置于 4 ℃冰箱进行保存的方法，适于各类微生物菌种的短期保藏，优点是操作简单、不需要特殊设备、可大量保存。在低温条件下，微生物生长代谢缓慢，但当培养基中营养成分逐渐耗尽后需要重新接种到新鲜培养基上，所以斜面低温保藏法需要间隔一定时间后进行接种传代、重新保藏。一般不产芽孢的细菌每隔 2~4 周需要传代 1 次，放线菌、酵母菌和丝状真菌 4~6 月传代 1 次。

液体石蜡封存法是将液体石蜡经过高压蒸汽灭菌后经干燥除去水分后加入斜面菌种管或半固体穿刺培养的菌种管中封存菌种的方法。加入液体石蜡后，培养基水分蒸发减少、菌种与空气隔绝、代谢降低，保藏期可延长至 1 年到数年，对霉菌、酵母、放线菌、好氧性细菌保藏效果较好，但对厌氧性细菌保藏效果较差。

甘油保藏法是用甘油作为保护剂，加入菌悬液中，在低温（-20 ℃）或者超低温冰箱中保藏菌种的方法，一般甘油使用终浓度为 20%~30%。甘油分子少量渗入细胞，可减小低温保存及冻融操作中原生质及细胞膜受到的损伤，适用于一般细菌的保存，同时也适用于链球菌、弧菌、真菌等需特殊方法保存的菌种，适用范围广，操作简单、保存期较长，一般可保存菌种 3~5 年。

冷冻干燥保藏法（冻干法）是将待保存菌种悬浮于保护剂中，利用冷冻真空干燥器在低温下快速冷冻细胞、在真空下脱除水分，在保护剂、低温、干燥、缺氧等条件下保存菌种的方法，适用于大多数微生物菌种的保藏（不产孢子的丝状真菌除外），保藏菌种时间长（10~20 年）、范围广、存活率高、变异性小，是有效的保藏方法之一。

液氮保藏法是在超低温的液氮保藏器中（气相-196 ℃、液相-150 ℃）保藏菌种的方法，适用于冻干法及其他保藏法不易保藏的微生物。在如此温度下，微生物代谢停滞，可降低变异率和长期保持原有性状，是防止菌种退化的最有效方法。

本实验学习实验室常用的简易的菌种保藏方法：斜面传代保藏法、液体石蜡封存法及甘油保藏法。

三、实验器材与试剂

1. 菌种

待保藏的细菌、放线菌、霉菌等斜面菌种。

2. 培养基

肉汤蛋白胨琼脂培养基（斜面，培养和保藏细菌用）、高氏一号琼脂培养基（斜面，培养和保藏放线菌用）、PDA 培养基（斜面，培养和保藏霉菌用）。

3. 仪器

恒温培养箱、超净工作台、冰箱（4 ℃、-70 ℃）。

4. 实验用具

接种环、接种针、酒精灯、标签、记号笔、Eppendorf 管、无菌移液管等。

5. 试剂

无菌生理盐水、无菌液体石蜡（相对密度 0.83~0.89）、无菌甘油。

四、实验内容与方法

1. 斜面传代保藏法

（1）对待接种的肉汤蛋白胨琼脂斜面培养基、高氏一号琼脂斜面培养基和 PDA 斜面培养基进行无菌检验。检验无菌后备用。

（2）接种：将待保藏的细菌、放线菌、霉菌各斜面菌种在无菌超净工作台上接种到适宜的培养基上，每一菌种要求接种 3 支以上斜面。

（3）贴标签：标签上注明菌名、培养基种类、接种人、接种时间，贴于接种后试管斜面的正上方。

（4）培养：将接种后并贴好标签的斜面试管放于恒温培养箱中进行培养，培养至斜面铺满菌苔。细菌于 37 ℃培养 24~36 h、酵母菌于 28~30 ℃培养 36~60 h、放线菌和霉菌于 28 ℃培养 3~7 d。

（5）保藏：将培养结束的斜面试管及时放入 4 ℃冰箱保存，为防止培养基干裂，可用封口膜将试管帽封严。

（6）无菌检验：同时将培养结束后的各斜面菌种各挑取一支，通过斜面菌苔特征观察、镜检或实验室发酵试验确定所培养的斜面菌种性能是否保持原种的特性。对于不符合要求的菌种需要重新制作斜面进行培养，检查合格后用作斜面菌种的保藏。

2. 液体石蜡封存法

（1）无菌液体石蜡的制备：将医用液体石蜡装入锥形瓶中，装入体积不超过锥形瓶容积的 1/3，盖好封口膜，皮筋扎紧，高压蒸汽灭菌 2 次（0.1 MPa、121 ℃、20 min），然后在 105~110 ℃干燥箱中烘干 1~2 h 或 40 ℃恒温箱中干燥 2 周除去水分，呈透明液体后备用。

（2）用无菌吸头吸取液体石蜡加入培养好的斜面菌种管中，直立试管，使石蜡液高出斜面顶端 1 cm 左右即可。

（3）菌种管用封口膜封口，直立放置于 4 ℃冰箱中保存。产芽孢细菌、放线菌及霉菌可保藏 2 年。

(4) 液体石蜡封存的菌种启用后，接种环上若粘有石蜡油及菌种，需要在火焰周围烤干，再行灼烧灭菌，否则会造成菌液飞溅。

3. 甘油保藏法

(1) 无菌甘油的制备：将甘油配成 50% 的溶液，装入锥形瓶中，盖好封口膜，在 0.1 MPa、121 ℃下高压蒸汽灭菌 20 min。

(2) 菌悬液的制备：在培养至对数期的菌种斜面试管中加入生理盐水，用无菌接种环刮下菌苔，制成 $10^8 \sim 10^9$ 的菌悬液。

(3) 用无菌吸头吸取菌悬液加入 Eppendorf 管中，再移取等体积的 50%的无菌甘油加入菌悬液中，混匀，即为 25%左右浓度的甘油菌悬液。用封口膜将 Eppendorf 管的管口封严，做好菌名、培养基种类、接种人、接种时间等标记放置于-20 ℃或-70 ℃下低温保存。

五、实验结果与讨论

(1) 观察记录并比较各保藏菌种接种前后的培养特征（菌苔特征）和菌体形态特征。

(2) 将培养并检查合格的各斜面菌种放入 4 ℃或-70 ℃冰箱保存。

六、思考题

(1) 适合菌种保藏的培养基应具备什么条件?

(2) 菌种斜面传代低温保藏法有何优缺点?

(3) 液体石蜡封存法在制备干燥无菌的液体石蜡时，可否采用干热灭菌法?

(4) 微生物的菌种保藏原则是什么? 简述四大类微生物的甘油低温冻藏方法的简要步骤以及操作及保藏期间检测的注意事项。

实验五　大肠杆菌和枯草杆菌生长曲线的测定

一、实验目的

(1) 了解细菌生长曲线的基本特征，认识微生物在一定条件下生长繁殖的规律。

(2) 掌握比浊法间接测定细菌生长量的方法。

(3) 学习液体培养基的配制及接种方法。

二、实验原理

微生物细胞在适宜的条件下吸收营养成分进行新陈代谢，表现为个体细胞体积的增大及个体细胞数目的增加，即微生物的生长和繁殖。微生物的生长和繁殖是其在各种因素的相互作用下生理、代谢状态的综合反映。了解其规律对于微生物在生产生活中的应用以及人类对有害微生物的控制具有重要的意义。

微生物的生长意味着原生质总量的增加，但微生物的生长通常不以个体细胞组分与结构在量方面的增加来表示，而是以其繁殖——群体的生长作为微生物生长的指标。对微生物群体细胞生长繁殖测定的方法包括对其生长量的测定以及对细胞繁殖数目的测定。适用于所有微生物的生长量的测定方法，有直接法和间接法。直接法如体积法和比重法，间接法如比浊法、生理指标测定法（通过测定与其生长量相关的指标如含氮量、含碳量、产酸产气量等的变化间接测定群体细胞生长量的方法）。微生物细胞繁殖数目的测定方法中，直接法如计数板法，包括有对较大细胞体积的单细胞微生物进行计数的血球计数板法以及能对细菌进行准确计数的细菌计数板法，间接法如平板菌落计数法及厌氧菌菌落计数法等。

微生物生长曲线是定量描述微生物群体细胞生长规律的曲线，是将单细胞微生物接种到一定容积的液体培养基后，在适宜的条件下进行培养，定时取样测定细胞数量。以其活菌数的对数为纵坐标，以培养时间为横坐标，绘制成的实验曲线。典型的微生物生长曲线为单细胞微生物的生长曲线（如细菌、酵母菌等），包括四个阶段，即迟缓期、对数期、稳定期、衰亡期，如图 5-1 所示。

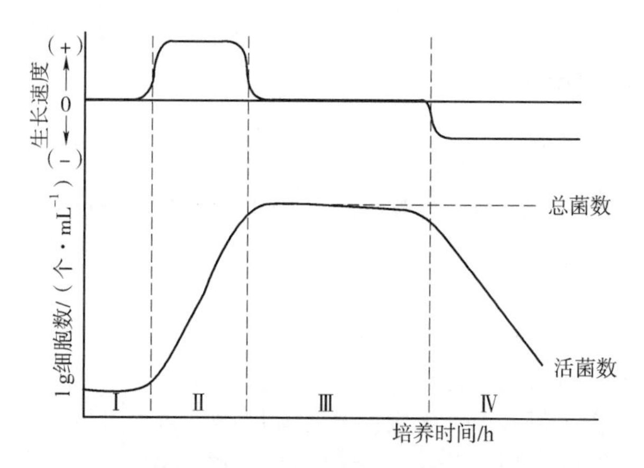

图 5-1　微生物的典型生长曲线图

Ⅰ—迟缓期；Ⅱ—对数期；Ⅲ—稳定期；Ⅳ—衰亡期

迟缓期（lag phase）：又叫迟滞期、调整期。细菌接种到新的培养基中后，对新环境有一个短暂适应的过程（不适应者会因转种而死亡）。迟缓期细菌繁殖极少、曲线呈平坦稳定态势。此期细菌体积增大、代谢活跃，为细菌的分裂增殖合成和储备充足的酶、能量及中间代谢产物。迟缓期的长短因菌种的遗传性、接种量、菌龄以及培养基成分等不同而有所改变，一般迟缓期持续 1~4 h。

对数期（logarithmic phase）：又称指数期。此期细菌以稳定的几何级数极快增长，生长曲线上活菌数直线上升，可持续几小时至几天不等（因培养条件及细菌代时而异）。此期细菌形态、染色、生物活性都很典型，对外界环境因素的作用敏感，因此研究细菌性状以此期细菌最好。抗生素作用对该时期的细菌效果最佳。

稳定期（stationary phase）：生长菌群总数处于平稳阶段，但细菌群体活力变化较大。由于培养基中营养物质的消耗、毒性产物（如有机酸、H_2O_2等）积累、pH 下降等不利因素的影响，细菌繁殖速度渐趋下降，相对细菌死亡数开始逐渐增加，此期细菌增殖数与死亡数渐趋平衡。细菌形态、染色、生物活性可出现改变，并产生相应的代谢产物如外毒素、内毒素、抗生素以及芽孢等。

衰亡期（decline phase）：随着稳定期发展，细菌繁殖越来越慢，生理代谢活动趋于停滞。死亡菌数明显增多，活菌数与培养时间呈反比关系。此期细菌畸形衰变，甚至菌体自融，其形难辨。

生物体内及自然界细菌的生长繁殖受机体免疫因素和环境因素的多方面影响，不会出现像培养基中那样典型的生长曲线，但明确微生物生长规律，对科研工作及发酵生产具有重大的指导意义。可有目的地研究或控制病原菌的生长，发现和培养对人类有用的细菌，可培养菌种时缩短工期或用以确定和控制发酵生产的最佳收获期等。

发酵生产上常采用比浊法测定单细胞微生物的生长曲线以检测菌体的群体生长状况。本实验学习采用比浊法对大肠杆菌及枯草杆菌的生长曲线进行测定。

比浊法：细菌按照一定接种量接种到一定容积的液体培养基中后，按照其特有的代谢方式进行生长繁殖。菌悬液的浓度与菌悬液浑浊度成正比。通过分光光度计测定菌悬液的光密度来表示菌液浑浊度，从而推知菌液浓度。将所测得的光密度值与其对应的培养时间作图，即可绘制出该菌在一定条件下的生长曲线（注：光密度表示的是菌种培养液中的总菌数，包括活菌与死菌，所以比浊法测定的生长曲线衰亡期不明显）。

三、实验器材与试剂

1. 实验仪器

恒温振荡培养箱、分光光度计、无菌取液器。

2. 微生物材料

大肠杆菌菌液、枯草杆菌菌液。

3. 培养基

肉汤蛋白胨液体培养基、无菌水。

4. 实验用具

玻璃比色皿、锥形瓶、酒精灯、无菌吸头、接种环、记号笔等。

四、实验内容与方法

1. 菌种的准备

将大肠杆菌和枯草杆菌分别挑取一环菌苔，无菌操作接种到装有 100 mL 肉汤蛋白胨液体培养基的无菌锥形瓶中，恒温振荡培养箱（37 ℃、200 r/min）振荡培养 14~18 h。

2. 接种与培养

按照无菌操作法分别准确吸取 5 mL 大肠杆菌、枯草杆菌的均匀的菌液（接种量可根据实验需求调整），接种到装有 80 mL 肉汤蛋白胨液体培养基的锥形瓶中，放入恒温振荡培养箱（37 ℃、200 r/min）振荡培养。

3. 吸光度测定

从接种完成开始，将待测定的菌液摇匀后，无菌操作吸取菌液 3 mL 左右，或者吸取少量菌液加入一定量的无菌水稀释一定倍数并摇匀后，装入比色皿，以无菌水或蒸馏水作为空白对照调零，在 420 nm 波长下分别测定培养时间为 0 h、1.5 h、3 h、4 h、4.5 h、5 h、5.5 h、6 h、6.5 h、7 h、7.5 h、8 h、8.5 h、9 h 时的菌液吸光度。

4. 生长曲线的绘制

以各菌种在培养的不同时间点测得的菌液 OD 值减去 0 h 时的 OD 值，作为其在本时间点的菌液吸光度。以 0 h OD 值作为零点，以菌液吸光度值为纵坐标，对应的培养时间作横坐标，绘制一条生长曲线。

五、实验结果与讨论

绘制大肠杆菌和枯草杆菌液体培养基中培养的生长曲线（标出生长曲线中各个时期的位置和名称），并分析比较两种细菌的生长繁殖规律的异同。

六、思考题

（1）为什么比浊法测定的细菌生长只是表示细菌的相对生长状况？

（2）接种时菌种在什么条件下为宜，液体种子比斜面种子有什么优越性？

（3）生长曲线中为什么会出现稳定期和衰退期？在生产实践中怎样缩短延迟期？怎样延长对数期及稳定期？怎样控制衰亡期？

实验六　生长谱法测定微生物的营养要求

一、实验目的

（1）学习并掌握生长谱法测定微生物营养要求的基本原理。

（2）掌握生长谱法测定微生物营养要求的实验方法。

二、实验原理

为使微生物正常地生长繁殖，必须供给其所需的碳源、氮源、无机盐、微量元素、生长因子等。如果缺少其中一种，微生物便不能正常生长繁殖。根据这一特性，可人工配制只缺少某种营养物质的琼脂培养基，将微生物菌种与该培养基混合后倒平板，再将所缺少的这种营养物质（如各种碳源）点植于平板上，经适宜条件下培养后，如果该种微生物能够利用此营养物质，就会在点植点周围生长繁殖而出现菌落圈，即生长图形，故此法称为生长谱法。例如鉴定细菌对不同碳源的利用程度，可在缺乏碳源的合成培养基中添加指示剂，再采用混菌倒平板法接种入某种细菌，然后在平板上点植某种或某几种糖浸片。经过适温培养后，通过观察糖浸片周围指示剂变色范围的大小即可鉴别细菌对某种糖或某几种糖的需求及利用程度。生长谱法可以定性、定量地测定微生物对各种营养物质的需要，在微生物育种和营养缺陷型的鉴定中也常用此法。

三、实验器材与试剂

1. 微生物材料

大肠杆菌、枯草杆菌斜面。

2. 实验仪器

高压蒸汽灭菌锅、恒温培养箱、微波炉、电子天平、取液器。

3. 实验用具

无菌平板、无菌镊子、试管、无菌吸头、酒精灯等。

4. 合成培养基

磷酸铵 1 g；氯化钾 0. 2 g；七水合硫酸镁 0. 2 g；豆芽汁 10 mL；琼脂 20 g；蒸馏水 1 L；

pH=7.0。将各成分按照配方比例配制完成后，调节 pH 为 7.0，最后按照 1 L 合成培养基加入 12 mL 0.04%的溴甲酚紫（pH 为 5.2~6.8，颜色由黄色变紫色）作为指示剂，然后分装至合适的容器，0.1 MPa、121 ℃灭菌 20 min，备用。

5. 试剂

10%木糖、10%葡萄糖、10%甘露醇、10%麦芽糖、10%蔗糖、10%乳糖无菌溶液、无菌生理盐水。

6. 糖浸片

用打孔器将滤纸打成 0.8 cm 直径的圆形滤纸片。圆形滤纸片放于离心管或小锥形瓶等容器中封口后 0.1 MPa 下灭菌 20 min。无菌的圆形滤纸片在不同的无菌饱和糖溶液中浸泡 10 min，随后用无菌镊子取出分别放置于无菌平皿中，盖好皿盖在 28 ℃培养箱中烘干。使用前放置于超净工作台紫外灭菌 30 min。

四、实验内容与方法

（1）将大肠杆菌斜面和枯草杆菌斜面用 3~5 mL 无菌生理盐水洗下，制成菌悬液。

（2）将灭菌好的合成培养基加热融化后冷却到 50 ℃左右，按照 5%体积比分别加入大肠杆菌、枯草杆菌菌悬液，摇匀后立即倾注于 9 cm 直径的无菌培养皿中，待冷却凝固后，在平板背面用记号笔划分为 6 个区域，在各区域分别标注要点植的各种糖类名称。

（3）用无菌镊子，分别夹取 6 种糖的糖浸片对号点植。注意不同的糖溶液使用不同的镊子夹取，并用镊子轻轻将糖浸片压紧，使其贴附在培养基表面，以免倒置培养时糖浸片脱离培养基。

（4）平板倒置于 37 ℃恒温箱培养 18~24 h，观察各种糖浸片周围有无菌落圈以及菌落圈的大小。

五、实验结果与讨论

（1）绘图表示并描述微生物生长情况。

（2）根据实验结果，说明大肠杆菌和枯草杆菌所能利用的碳源各是什么。

六、思考题

（1）如何分析比较不同碳源对微生物生长具有显著影响？

（2）用液体培养基如何测定不同碳源对微生物生长的影响？

（3）微生物的营养需求的研究还有哪些方法？

实验七　环境因素对微生物生长发育的影响

一、实验目的

（1）掌握物理、化学、生物因素影响微生物生长繁殖的机理。

（2）掌握检测各种因素影响微生物生长繁殖的实验方法。

二、实验原理

在自然界复杂的环境条件下，微生物广泛分布、无处不在。环境因素对微生物的生长发育具有极其重要的影响。环境因素涉及物理因素、化学因素和生物因素等，如温度、渗透压、紫外线、pH、氧气、某些化学药品及拮抗菌等对微生物的生长繁殖、生理生化代谢过程均有不同程度的影响。有的环境因素是微生物生长繁殖所必需的条件，有的环境因素则表现出对微生物生长发育的抑制或者杀灭作用。利用各种因素对不同微生物的不同作用，人类可以对其进行有效的利用或防控。

1. 物理因素

1）紫外线

紫外线是电磁波谱中波长从 10 nm 到 400 nm 辐射的总称。依据紫外线自身波长的不同，主要将紫外线分为三个区域，即短波紫外线、中波紫外线和长波紫外线。根据生物效应的不同，将紫外线按照波长划分为四个波段。

UVA 波段，波长 320~400 nm，又称为长波黑斑效应紫外线。它有很强的穿透力，可以穿透大部分透明的玻璃以及塑料。日光中含有的长波紫外线超过 98%能穿透臭氧层和云层到达地球表面。UVA 可以直达肌肤的真皮层，破坏弹性纤维和胶原蛋白纤维，将人们的皮肤晒黑。

UVB 波段，波长 275~320 nm，又称为中波红斑效应紫外线。中等穿透力，它的波长较短的部分会被透明玻璃吸收，日光中含有的中波紫外线大部分被臭氧层所吸收，只有不足 2%能到达地球表面，在夏天和午后会特别强烈。UVB 紫外线对人体具有红斑作用，能促进体内矿物质代谢和维生素 D 的形成，但长期或过量照射会令皮肤晒黑，并引起红肿脱皮。

UVC 波段，波长 200~275 nm，又称为短波灭菌紫外线。它的穿透能力最弱，无法穿透大部分的透明玻璃及塑料，因此仅限于物体表面灭菌或空气灭菌。日光中含有的短波紫外线几乎被臭氧层完全吸收。短波紫外线对人体的伤害很大，短时间照射即可灼伤皮肤，长期或高强度照射还会造成皮肤癌。紫外线杀菌灯发出的就是 UVC 短波紫外线。

UVD 波段，波长 100~200 nm，又称为真空紫外线。它的穿透能力极弱。它能使空气中的氧气转化成臭氧，称为臭氧发生线。

短波紫外线具有灭菌作用，对微生物的破坏力极强，当该波段的紫外线照射细菌体后，菌体细胞的核蛋白和核糖核酸（DNA）强烈地吸收该波段的能量，它们之间的链被打开而断裂，从而死亡。例如用紫外线汞灯对空气和食品灭菌，波长 254 nm 的 UV 最易被嘌呤和嘧啶碱基吸收，因而杀菌效果最强。可见光对紫外线照射后的受损细胞具有光复活作用，可见光（最有效波长为 400 nm 左右）能激活光复活酶，分解由于紫外线照射而形成的嘧啶二聚体，因此紫外线处理过的接种物需要避光培养。

2）渗透压

微生物的生长受到培养基质渗透压的影响。大多数微生物适宜在等渗的环境中生长。除了嗜盐菌外，一般细菌在高渗透压溶液中因细胞脱水、原生质收缩、细胞质变稠，容易发生质壁分离现象，在低渗压溶液中，水分向细胞内渗透，容易吸水过量而涨破，故适宜的渗透是微生物正常生长发育的必要条件。在等渗溶液中，微生物细胞保持固有形态进行正常的代谢活动。常用的生理盐水（0.9% NaCl 溶液）即是一种等渗溶液。不同的微生物菌种具有不同的耐渗透的能力和耐盐性，故在细菌鉴定中，常用耐盐性试验鉴定其特征。

海洋微生物需要培养基中有3.5%的氯化钠，如源于生的和未充分煮熟的有壳水生动物的弧菌作为食物中毒菌，其生长大多数需要2%～3%的氯化钠；一般细菌在浓盐或浓糖溶液中不能生长繁殖，故浓盐浓糖可用于食品保存，但某些极端嗜盐性细菌能耐15%～30%的高盐环境，它们能在高浓度盐类的食物中生长而使食品腐败变质，容易造成食物中毒；金黄色葡萄球菌有较强的耐盐能力，在10%的氯化钠溶液中仍能正常生长。

2. 化学因素

常见的影响微生物生长繁殖的化学因素，主要分为重金属及其盐类，酚、醇、醛等有机化合物，卤族元素及其化合物，表面活性剂等。重金属及其盐类可与菌体蛋白质结合使之变性或与某些酶蛋白的巯基相结合而使酶失活；有机溶剂能使菌体蛋白质及其核酸变性，也可破坏细胞膜透性使内含物外溢；卤族元素及其化合物如有些染料，在低浓度条件下可抑制细菌生长；表面活性剂降低溶液表面张力，作用于微生物细胞膜，改变其透性，同时也能使蛋白质发生变性。

本实验通过观察部分常用的化学消毒剂包括碘酒、酒精、来苏水、福尔马林、龙胆紫、苯酚在一定浓度下对微生物的致死或抑菌作用，来了解它们的杀菌或抑菌性能。

碘酒：为卤素类消毒剂，是碘与碘化钾的乙醇溶液，可与病原体蛋白质的氨基结合而使其变性沉淀。碘酒可以杀灭细菌、真菌、病毒、阿米巴原虫等，可用来治疗许多细菌性、真菌性、病毒性皮肤病。0.5%～1%碘酒可涂于皮肤黏膜，2%碘酒用于一般皮肤消毒及感染，如小疖疮等，3.5%～5%碘酒用于手术或注射前皮肤消毒。

75%酒精：75%酒精与细菌的渗透压相近，能顺利进入细菌体内，能有效地使细菌体内的蛋白质脱水凝固变性，可彻底杀死细菌。并不是酒精浓度越高杀菌效果越好，使用高浓度酒精，则细菌蛋白脱水过于迅速，使细菌表面蛋白质首先变性凝固，形成一层坚固的包膜，酒精反而不能很好地渗入细菌内部，以致影响其杀菌能力。但酒精浓度低于75%时，由于渗透性降低，也会影响杀菌能力。

来苏水：甲酚的肥皂溶液，具有细胞原浆毒性，能使蛋白质变性凝固，直接损伤细胞，1%～2%溶液用于手消毒（或处理染菌桌面），3%～5%溶液用于器械物品消毒，5%～10%溶液用于环境、排泄物的消毒。

福尔马林，为甲醛含量35%～40%（一般是37%）的水溶液，能与蛋白质氨基结合，阻止细胞核蛋白的合成，抑制细胞分裂及抑制细胞核和细胞浆的合成，导致微生物死亡。能有效地杀死细菌繁殖体，也能杀死芽孢（如炭疽芽孢），以及抵抗力强的结核杆菌、病毒等。

0.05%龙胆紫：龙胆紫是阳离子碱性染料，龙胆紫溶液是由龙胆紫和水配成的1%～2%的溶液，又叫甲紫溶液、紫药水，是一种常用的皮肤、黏膜消毒防腐剂，也是一种潜在的致癌剂。其阳离子能与细菌（特别是革兰氏阳性菌）蛋白质的羧基结合，影响其代谢而产生抑菌作用。

苯酚溶液：能使微生物蛋白质变性，可用于皮肤杀菌与止痒及器械消毒及排泄物处理。

3. 生物因素

自然环境中的每一种生物，都受到周围其他生物的影响，微生物也不例外。微生物之间存在种间共处、互生、共生、竞争、寄生、捕食和拮抗等相互关系。

种间共处，指两种微生物在一起生活，相互并无影响，没有明显的利害关系，如乳杆菌和链球菌；互生，是指可以单独生活的微生物，当它们生活在一起时，各自的代谢活动有利于对方或偏利于一方的生活方式，这是一种“可分可合，合比分好”的相互关系，如氨化菌和硝化菌；共生，分为互惠共生和偏利共生，两种微生物紧密结合在一起形成一种特殊共生体，产生新的在组织和形态结构，在生理上有一定的分工，如藻类与真菌共生形成的地衣；竞争是指生活在一起的微生物，为了生长争夺有限的营养或空间，结果使彼此的生长均受到抑制，竞争在自然界普遍存在，是推动微生物发展和进化的动力；寄生，寄生物生活在寄主体表或体内，从寄主细胞、组织或体液中取得营养、各种因子或利用寄主的能量产生系统来实现其自身的生长和增殖，如噬菌体与细菌；捕食，一种微生物直接吞食另一种微生物，如原生动物对细菌的捕食；拮抗，两种微生物生活在一起时，一种微生物产生某种特殊的代谢产物或改变环境条件，从而抑制甚至杀死另一种微生物的现象。

微生物之间的拮抗作用是普遍存在的。许多微生物在其生命活动过程中能产生某种特殊的代谢产物，具有选择性地抑制或杀死其他微生物的作用，例如抗生素。不同抗生素的抗菌谱是不同的，某些抗生素只对少数细菌有抗菌作用，例如产黄青霉分泌的青霉素一般只对革兰氏阳性菌有抗菌作用，青霉素结构上与肽聚糖 D-丙氨酰-D-丙氨酸类似，因此可以竞争结合转肽酶形成青霉素转肽酶复合物，从而抑制细菌细胞壁的合成。灰色链霉菌产生的链霉素通过作用于细菌核糖体 30s 亚基，抑制细菌蛋白质的合成，是主要作用于革兰氏阴性菌的抗生素。多黏菌素也只对革兰氏阴性菌有作用。红霉素是红色链丝菌（*Streptomyces erythreus*）培养液中提取的一种碱性抗生素。抗菌谱与青霉素近似，对革兰阳性菌，如葡萄球菌、化脓性链球菌等有较强的抑制作用，对革兰阴性菌及放线菌、支原体、衣原体、立克次体、螺旋体、阿米巴原虫具有一定抑制作用，主要通过与核糖核蛋白体的 50s 亚单位相结合，抑制肽酰基转移酶，影响核糖核蛋白体移位过程，妨碍肽链增长，抑制细菌蛋白质的合成。此类抗菌范围不广泛的抗生素称为窄谱抗生素；而另一些抗生素则对多种细菌有作用，例如四环素、土霉素、庆大霉素等对许多革兰氏阳性菌和革兰氏阴性菌都有作用，这类抗生素称为广谱抗生素。庆大霉素是我国科学家独立自主研制成功的热稳定性抗生素，是从放线菌科单孢子属发酵培养液中提得的碱性化合物，可广泛应用于培养基配制，庆大霉素能不可逆地与细菌核糖体 30s 亚基结合，阻断细菌蛋白质合成，并破坏细菌细胞膜的完整性。临床上主要用于治疗细菌感染，尤其是革兰氏阴性菌引起的感染。

某一种抗生素的抗菌范围可以通过抗菌谱试验来检测。本实验中验证产黄青霉和灰色链霉菌对不同细菌的拮抗作用。

三、实验器材与试剂

1. 实验仪器

超净工作台、紫外灯、恒温培养箱、冰箱、取液器。

2. 微生物材料

金黄色葡萄球菌（*Staphylococcus aureus*）、大肠杆菌（*E. coli*）、枯草芽孢杆菌（*Bacillus subtilis*）的斜面菌种；产黄青霉（*Penicillium chrysogenum*）、灰色链霉菌（*Streptomyces griseus*）平板。

3. 培养基

牛肉膏蛋白胨琼脂培养基。

4. 实验用具

无菌水管、试管及试管帽、无菌培养皿、涂布耙、无菌圆滤纸片（ϕ6 mm）、接种环、无菌黑纸片、无菌镊子、酒精灯、黑布或厚报纸、记号笔等。

5. 试剂

NaCl、无菌水、2.5%碘酒、75%酒精、1%来苏水、1/300 福尔马林、0.05%龙胆紫、5%苯酚；氨苄青霉素 100 μg/ mL、红霉素 100 μg/ mL、链霉素 100 μg/ mL、庆大霉素100 μg/ mL。

四、实验内容与方法

1. 紫外线杀菌试验

（1）取 1 支培养至对数期的金黄色葡萄球菌斜面试管，加入 4 mL 无菌水，将菌苔轻轻刮下，充分摇匀后制成菌悬液。

（2）用无菌吸头吸取 100 μL 对数期的金黄色葡萄球菌菌液置于牛肉膏蛋白胨固体平板上，用无菌涂布耙涂布均匀，使平板上的菌液被培养基完全吸收。

（3）用无菌镊子取一块已经灭菌的三角形黑纸，放置于平板培养基表面并压平遮住部分平板。

（4）紫外灯箱或紫外灯外围严密遮挡后提前打开电源预热 10 min，然后打开皿盖，置紫外灯下 30 cm 距离处照射 30 min。用无菌镊子夹出黑纸片丢弃，盖上皿盖，用黑布或厚报纸包裹平板，置于 37 ℃培养箱倒置培养 24 h 后观察结果，灭菌试验效果如图 7-1 所示。

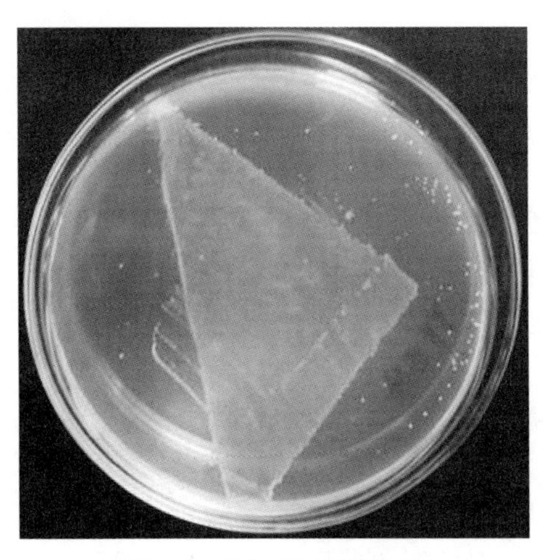

图 7-1　紫外线灭菌效果图

2. 细菌的耐盐性试验

（1）培养：将活化的金黄色葡萄球菌、大肠杆菌、枯草芽孢杆菌斜面菌种培养至对数期。

（2）培养基的配制：配制不同 NaCl 浓度（0.5%、5%、10%、20%）的牛肉膏蛋白胨琼脂培养基各 80 mL，分别分装于 10 支试管（长度 15 cm 小试管），每管 5 mL，盖上试管帽，灭菌后摆成斜面。

（3）接种：将 3 种不同的斜面菌种以划线法接种于不同 NaCl 浓度的牛肉膏蛋白胨培养

基斜面上，重复 3 管，留下 1 管不接种作为阴性对照。做好标记，37 ℃下培养 24~48 h 后观察实验结果。

（4）结果观察：记录不同菌种在不同 NaCl 浓度的牛肉膏蛋白胨培养基斜面上的生长情况，记录为“不生长”“生长不良”“生长一般”“生长良好”。

3. 化学因素的影响试验

1）消毒剂的抑菌试验

（1）先吸取 200 μL 培养 18 h 的金黄色葡萄球菌菌液于无菌培养皿内。

（2）将加热融化冷却至 50 ℃左右的肉汤蛋白胨琼脂培养基倒于装有菌液的培养皿内立即摇匀，冷却待凝。

（3）在培养皿底皿上用记号笔平均分成若干区域，每一区域标注消毒剂名称，用无菌镊子夹取不同的滤纸片分别浸蘸 2.5%碘酒、75%酒精、1%来苏水、1/300 福尔马林、0.05%龙胆紫、5%苯酚药液，在试剂瓶口控净多余药液并稍作晾干后，将消毒剂药片贴放在培养基表面，轻轻按压使其贴紧。

（4）将贴好滤纸片的平板倒置于 37 ℃恒温培养 24 h 后，观察比较抑菌圈直径的大小。

2）抗生素的抑菌试验

（1）先吸取 200 μL 培养 18 h 的金黄色葡萄球菌菌液于无菌培养皿内。

（2）将加热融化冷却至 50 ℃左右的肉汤蛋白胨琼脂培养基倒于装有菌液的培养皿内立即摇匀，冷却待凝。

（3）在培养皿底皿上用记号笔平均分成若干区域，每一区域标注抗生素名称，以无菌水做对照。

（4）用无菌镊子夹取无菌滤纸片，浸入抗生素溶液中，取出后在溶液瓶内壁除去多余的药液后，贴放在培养基表面对应的区域，轻轻按压使其贴紧。各纸片中心相距至少 24 mm，纸片距平板内缘应大于 15 mm。注意不同药液使用不同的镊子，防止交叉污染。

（5）将贴好抗生素滤纸片的平板倒置于 37 ℃恒温培养 24 h 后，观察比较抑菌圈直径的大小。

4. 生物因素的影响试验

1）产黄青霉抑菌试验

（1）用接种环将产黄青霉的孢子划一直线接种于肉汤蛋白胨琼脂平板，置于 28 ℃培养 48~72 h。

（2）待形成菌苔后，从产黄青霉的菌苔边缘（注意不要接触菌苔本身）在平板上呈 3 条平行线向外划线接种培养至对数期的大肠杆菌、枯草杆菌和金黄色葡萄球菌，划线方向与青霉菌菌苔垂直，不同菌的接种线间保持一定距离，并在皿底标注接种的细菌的名称，然后置于 37 ℃培养 24 h，观察青霉菌对测试菌的生物拮抗作用。

2）灰色链霉菌抑菌实验

用同样的方法做灰色链霉菌的抑菌实验。

五、实验结果与讨论

（1）列表记录实验结果，分析讨论不同因素影响下实验结果的差异性及意义。

（2）根据实验结果说明影响抑菌圈大小的因素有哪些，抑菌圈大小是否能反映出不同消毒剂抑菌能力的大小。

六、思考题

（1）哪些因素可以影响微生物的生长，影响的机理是什么？列举 3 种。

（2）理化因素对微生物的抑制作用与抗生素对微生物的抑制作用有什么区别？有何现实意义？

（3）举例说明微生物间的拮抗作用以及在生产实践中的意义。

实验八　细菌鉴定中常用的生理生化试验

一、实验目的

（1）了解细菌生理生化反应原理，掌握常用的细菌鉴定生理生化反应试验方法。

（2）了解细菌碳、氮代谢类型的多样性及细菌在不同培养基中的代谢产物在鉴别细菌中的意义。

（3）了解细菌糖发酵实验、IMViC 实验的原理及在肠道菌鉴定中的重要作用。

二、实验原理

微生物个体微小、结构简单，但种类繁多，在食品、医药、工农业、环保等人类生产生活的领域均有广泛涉及，涵盖了有益与有害的众多种类。

分类是认识、研究客观事物的一种基本方法，我们要认识、研究和利用种群庞大的微生物资源也必须对其进行分类。根据一定的原则（表型特征相似性或系统发育相关性）对微生物进行分群归类，根据相似性或相关性水平排列成系统，并对各个类群的特征进行描述，以便查考和对未被分类的微生物进行鉴定。

对一种未知微生物进行分类鉴定，要在获得该微生物的纯培养之后，进行一系列必要的鉴定指标的测定，然后对照权威的鉴定手册进行查对分析。微生物分类鉴定指标可从细胞形态和习性、细胞组分、蛋白质水平、核酸水平这四种水平层次上展开，分类依据包括形态特征、生理生化特征、生态习性、血清学反应、噬菌反应、细胞壁成分、红外吸收光谱、GC 含量、DNA 杂合率、核糖体核糖核酸（rRNA）相关度、rRNA 的碱基顺序等。微生物的分类鉴定方法分为传统的分类鉴定法以及现代分类鉴定法。传统的微生物分类鉴定法以表型特征为主，以易于观察、具有相对稳定性的微生物的形态学特征、生理生化特征及生态学特征为依据。现代微生物分类鉴定法，借助了现代化分析检测技术手段，将表型特征与分子特征相结合，以细胞组分和含量、蛋白质、核酸等生物大分子特征作为分类鉴定的依据，鉴定结果更为准确可信。

本试验以糖类发酵试验、部分蛋白质、氨基酸及大分子物质代谢试验、有机酸盐及氮盐利用试验为例进行微生物生理生化反应特征的分类检测。各种细菌所具有的酶系统不尽相同，对营养基质的分解能力也不一样，因而代谢产物或多或少地各有区别，可供细菌分类鉴别之用。用生化试验的方法检测细菌对各种基质的代谢作用及其代谢产物以鉴别细菌的种属，称为细菌的生理生化反应。

1. 糖发酵试验

糖发酵试验是常用的鉴别微生物的生化反应，绝大多数细菌都能利用糖类作为碳源和能源，但因细菌所含的酶系不同，所以它们在分解糖类物质的能力上有很大差异，其发酵糖以后的代谢产物亦不相同。可产酸产气，或产酸不产气。

糖发酵试验在肠道细菌的鉴定上尤为重要。不同肠道菌分解糖类的能力和代谢产物不同。乳糖发酵试验可初步鉴别肠道致病菌和肠道条件致病菌。肠道致病菌多数不发酵乳糖，肠道条件致病菌多数发酵乳糖。例如临床上对疑似有大肠杆菌或者伤寒沙门菌等细菌感染患者的样本进行糖发酵试验检测，结果可见大肠杆菌能进行乳糖发酵、产酸产气，而伤寒沙门菌则不能发酵乳糖；进行葡萄糖试验检测，大肠杆菌有甲酸脱氢酶，能将葡萄糖发酵生成的甲酸进一步分解为 CO_2 和 H_2，结果为产酸并产气；而伤寒沙门菌缺乏甲酸脱氢酶，发酵葡萄糖后则只产酸不产气。

糖发酵试验细菌代谢产物中酸的产生可利用培养基中溴甲酚紫的颜色变化进行判断，溴甲酚紫指示剂变色范围为 pH5.2（黄色）~pH6.8（紫色）。当发酵产酸时，可使培养基颜色由紫色变为黄色。气体的产生可由发酵管内倒置的杜氏小管中有无气泡来判断。

2. 吲哚试验

IMViC 试验是吲哚（I）试验、甲基红（M）试验、伏-普（V）试验、柠檬酸盐利用（C）试验合称的缩写，常用于鉴定肠道杆菌，特别是用于鉴别大肠杆菌和产气杆菌。多用于水的细菌学检验，尤其对形态、革兰染色反应和培养特性相同或相似的细菌的检验尤为重要。

吲哚试验用于检测细菌是否具有分解色氨酸产生吲哚（靛基质）的能力。有些细菌如大肠杆菌能产生色氨酸水解酶，分解蛋白胨中的色氨酸产生吲哚和丙酮酸，吲哚与对二甲基氨基苯甲醛结合，生成玫瑰吲哚（红色化合物）为阳性反应，而产气杆菌为阴性反应。

3. 甲基红试验（M. R 或 M 试验）

甲基红试验用于检测细菌能否分解葡萄糖产生有机酸的能力。很多细菌（如大肠杆菌）分解葡萄糖产生丙酮酸，丙酮酸进一步反应形成甲酸、乙酸、乳酸等有机酸，此时若加入甲基红指示剂，则会使发生颜色变化。甲基红指示剂变色范围 pH4.4（红色）~pH6.2（黄色）。当培养基 pH 降低到 4.4 以下时，培养基变为红色，此为甲基红试验阳性。有些细菌如产气杆菌在培养的早期产生有机酸，但在后期将有机酸转化为非酸性末端产物，如乙醇、丙酮酸等，使 pH 升至 6 左右，此时加入甲基红指示剂呈黄色，为阴性反应。

4. VP 试验（Voges-Proskauer 试验，伏-普试验）

伏-普试验是用来测定某些细菌利用葡萄糖产生非酸性或中性末端产物的能力。细菌如产气杆菌分解葡萄糖成丙酮酸，再将丙酮酸缩合脱羧成乙酰甲基甲醇。乙酰甲基甲醇在碱性条件下被氧化为二乙酰，二乙酰与培养基中蛋白胨精氨酸的胍基反应，生成红色化合物，此为 VP 反应阳性。大肠杆菌不产生红色化合物，为阴性反应。若在培养基中加入 α-萘酚或少量肌酸（0.3%）、肌酐等含胍基的化合物，可加速此反应。本试验常与甲基红试验一起使用，因为甲基红试验呈阳性的细菌，VP 试验通常为阴性。

5. 柠檬酸盐试验

柠檬酸盐试验用于检测肠杆菌科各属细菌能否利用柠檬酸的能力。有的细菌如产气杆菌，能够利用铵盐作为唯一氮源，利用柠檬酸盐作为唯一碳源，则能在柠檬酸盐培养基上生长。细菌分解利用柠檬酸盐产生 CO_2，CO_2与培养基中的 Na^+、H_2O 结合形成碳酸钠，碳酸钠与细菌利用铵盐产生的氨反应，形成 NH_4OH，从而使培养基呈现碱性，使变色范围为 pH6.0（黄色）~pH7.6（蓝色）的溴麝香草酚蓝指示剂由绿色转为深蓝色，此为柠檬酸盐反应阳性。不能利用柠檬酸盐为碳源的细菌如大肠杆菌，在该培养基上不生长，培养基不变色。

6. 硫化氢试验

某些细菌能分解含硫的氨基酸（胱氨酸、半胱氨酸等），产生硫化氢与培养基中的铅盐或铁盐，形成硫化铅或硫化铁黑色沉淀，为硫化氢试验阳性，黑色沉淀物愈多，表示生成的硫化氢量亦愈多。硫化氢试验培养基中含有硫代硫酸钠，作为一种还原剂，能保持培养基中生成的硫化氢不再被氧化。

硫化氢试验主要用于肠杆菌科中属及种的鉴别。沙门菌属、爱德华菌属、亚利桑那菌属、枸橼酸杆菌属、变形杆菌属的细菌，绝大多数呈硫化氢试验阳性，其他菌属多为阴性，沙门菌属中也有硫化氢阴性菌种。如产气杆菌、变形杆菌硫化氢试验阳性，大肠杆菌硫化氢试验阴性。

7. 明胶液化试验

明胶是胶原水解产物，是生物来源的多肽，在 25 ℃以下可维持凝胶状态，以固体状态存在，而在 25 ℃以上时明胶就会液化。某些细菌可产生一种胞外酶——明胶酶。明胶酶能分解明胶生成氨基酸，从而使明胶失去凝固力，半固体明胶培养基成为流动的液体培养基，有的甚至在 4 ℃仍能保持液化状态。

明胶液化试验可用于肠杆菌科细菌的鉴别，如沙雷菌、普通变形杆菌、奇异变形杆菌、阴沟杆菌等可液化明胶，而其他细菌很少液化明胶。有些厌氧菌如产气荚膜梭菌、脆弱类杆菌等能液化明胶，多数假单胞菌也能液化明胶。

8. 淀粉水解试验

细菌不能直接利用大分子的淀粉，须将淀粉水解为小分子物质后才可吸收利用。某些细菌可产生胞外淀粉酶，将淀粉水解后产生糊精或进一步水解为双糖或单糖后使其运输到体内。细菌产生淀粉酶水解淀粉的过程可通过底物的变化来证明，即加碘液测定时不再产生蓝色。

9. 硝酸盐还原试验

硝酸盐还原（nitrate reduction）是生物体内的一种氧化还原反应，即硝酸盐在硝酸还原酶的作用下，还原成亚硝酸的反应。一般指有些细菌具有还原硝酸盐的能力，可将硝酸盐还原为亚硝酸盐、氨或氮气等。格里斯试剂可用于特征性检验亚硝酸根：产生的亚硝酸盐与乙酸反应生成亚硝酸，亚硝酸与试剂中的对氨基苯磺酸作用生成重氮基苯磺酸；生成的重氮基苯磺酸与α-萘胺结合生成 N-α 萘胺偶苯磺酸（红色化合物），表明细菌能还原硝酸盐产生亚硝酸盐，此为硝酸盐还原试验阳性。格里斯试剂 A 液为对氨基苯磺酸加乙酸，格里斯试剂 B 液为α-萘胺。

硝酸盐还原试验广泛用于细菌鉴定，肠杆菌科细菌均能还原硝酸盐为亚硝酸盐。硝酸盐还原过程可因细菌不同而异。有的细菌仅使硝酸盐还原为亚硝酸盐，如大肠杆菌等；有的细菌则可使硝酸盐还原为亚硝酸盐和离子态的铵；有的细菌还可以将其还原产物在合成性代谢中完全利用。硝酸盐还原试验要排除干扰，由于亚硝酸盐在自然界广泛分布，容易污染试剂，因此只有对照管阴性时，才能根据试验结果进行判断。

硝酸盐的存在可用二苯胺试剂检验。在酸性条件下，二苯胺经硝酸氧化后呈氧化态的颜色即深蓝色或紫色（图 8-1）。

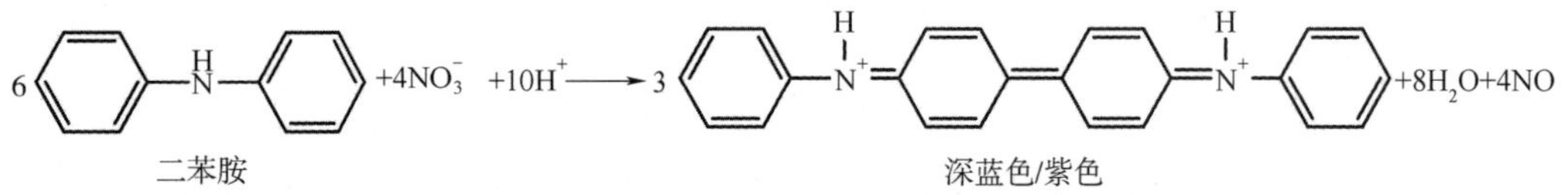

$$6\,(C_6H_5\text{–NH–}C_6H_5) + 4NO_3^- + 10H^+ \longrightarrow 3\,(C_6H_5\text{–}\overset{H}{N^+}\text{=}C_6H_4\text{=}C_6H_4\text{=}\overset{H}{N^+}\text{–}C_6H_5) + 8H_2O + 4NO$$

二苯胺　　　　深蓝色/紫色

图 8-1　二苯胺试剂检验硝酸盐化学反应式

三、实验器材与试剂

1. 实验仪器

恒温培养箱、试管、无菌培养皿、杜氏小管、接种环、酒精灯。

2. 微生物材料

大肠杆菌、普通变形杆菌、枯草芽孢杆菌、产气杆菌斜面。

3. 培养基

（1）葡萄糖发酵培养基（葡萄糖发酵试验）：每组 3 支试管，每支试管分装培养基 5~10 mL，试管上标明培养基名称。灭菌后其中 1 支试管作为阴性对照，另外 2 支用于接种细菌。

（2）乳糖发酵培养基（乳糖发酵试验）：每组 3 支试管，每支试管分装培养基 5~10 mL，试管上标明培养基名称。灭菌后其中 1 支试管作为阴性对照，另外 2 支用于接种细菌。

（3）胰蛋白水培养基（吲哚试验）：每组 3 支试管，每支试管分装培养基 5~10 mL，试管上标明培养基名称。灭菌后其中 1 支试管作为阴性对照，另外 2 支用于接种细菌。

（4）葡萄糖蛋白胨水培养基（甲基红试验和 VP 试验）：每组 6 支试管，每支试管分装培养基 5~10 mL，试管上标明培养基名称。灭菌后其中 2 支试管分别作为甲基红试验和 VP 试验的阴性对照，另外 4 支用于接种细菌，甲基红试验和 VP 试验各 2 支。

（5）柠檬酸钠固体培养基（柠檬酸盐利用试验）：每组 3 支试管，5~10 mL/管，培养基配制好分装于试管后灭菌，灭菌完成摆成斜面备用。试管上标明培养基名称，其中 1 支试管作为阴性对照，另外 2 支用于接种细菌。

（6）柠檬酸铁铵半固体培养基（硫化氢试验）：每组 3 支试管，每支试管分装培养基 10 mL，试管上标明培养基名称。灭菌后其中 1 支试管作为阴性对照，另外 2 支用于接种细菌。

（7）明胶培养基（明胶液化试验）：每组 3 支试管，每支试管分装培养基 10 mL，试管上标明培养基名称。灭菌后其中 1 支试管作为阴性对照，另外 2 支用于接种细菌。

（8）淀粉固体培养基（淀粉水解试验）：每组 60 mL，灭菌后倒于 3 个平板，15~20 mL/皿，平板上标明培养基名称。灭菌后其中 1 个平板试管作为阴性对照，另外 2 个平板用于接种细菌。

（9）硝酸盐培养基（硝酸盐还原试验）：每组 3 支试管，每支试管分装培养基 10 mL，试管上标明培养基名称。灭菌后其中 1 支试管作为阴性对照，另外 2 支用于接种细菌。

4. 实验用具

试管、杜氏小管、接种针、接种环、酒精灯、火柴、试管架、记号笔。

5. 实验试剂

甲基红试剂、VP 试剂、吲哚试剂、格里斯试剂（A、B）、卢戈氏碘液。

四、实验内容与方法

1. 葡萄糖发酵试验

（1）接种：取 3 支葡萄糖发酵培养基试管，其中 1 支接种大肠杆菌，1 支接种普通变形杆菌，留下 1 支不接种作为阴性对照管。试管上标明所接种的菌名和组号。

（2）培养：将已接种好的试管置 37 ℃培养箱中培养 24 h。

（3）结果观察：

产酸产气：细菌能发酵葡萄糖产生有机酸，使培养基 pH 降低，培养基中指示剂呈酸性反应，呈现黄色；倒置的杜氏小管中产生气体（气体占杜氏小管的 10%以上）。

产酸不产气：细菌能发酵葡萄糖产生有机酸但不产生气体，培养基颜色变为黄色，杜氏小管中无气泡产生。

不产酸不产气：若被测细菌不分解培养基中的葡萄糖，则培养基颜色仍为紫色，不发生变化，且杜氏小管中无气泡产生。

2. 乳糖发酵试验

（1）接种：取 3 支乳糖发酵培养基试管，其中 1 支接种大肠杆菌，1 支接种普通变形杆菌，留下 1 支不接种作为阴性对照管。试管上标明所接种的菌名和组号。

（2）培养：将已接种好的试管置 37 ℃培养箱中培养 24 h。

（3）结果观察：

产酸产气：细菌能发酵乳糖产生有机酸，使培养基 pH 降低，培养基中指示剂呈酸性反应，呈现黄色；倒置的杜氏小管中产生气体（气体占杜氏小管的 10%以上）。

产酸不产气：细菌能发酵乳糖产生有机酸但不产生气体，培养基颜色变为黄色，杜氏小管中无气泡产生。

不产酸不产气：若被测细菌不分解培养基中的乳糖，则培养基颜色仍为紫色，不发生变化，且杜氏小管中无气泡产生。

3. 吲哚试验

（1）接种：取 3 支胰蛋白胨水培养基试管，1 支接种大肠杆菌，1 支接种产气杆菌，1 支不接种留作阴性对照。试管上标明所接种的菌名和组号。

（2）培养：37 ℃培养 24~48 h。

（3）结果观察：沿试管壁缓慢滴加几滴吲哚试剂，注意不要摇动试管，使试剂浮于培养液上层。两液交界面处呈现玫瑰红色为阳性，不变色为阴性。

4. 甲基红试验

（1）接种：取 3 支葡萄糖蛋白胨水培养基试管。1 支接种大肠杆菌，1 支接种产气杆菌，1 支不接种留作阴性对照。试管上标注所接种的菌名和组号。

（2）培养：37 ℃恒温培养 48 h。

（3）观察结果：加入甲基红指示剂数滴。培养液呈现红色者为阳性，呈现黄色者为阴性。

5. VP 试验

（1）接种：取 3 支葡萄糖蛋白胨水培养基试管，1 支接种大肠杆菌，1 支接种产气杆菌，1 支不接种作为阴性对照。

（2）培养：37 ℃培养 48 h 取出。

（3）观察结果：培养结束后，往试管培养液中加入 5~10 滴 40% KOH，然后再加入等量的5% α-萘酚溶液，用力振荡试管，再放入 37 ℃培养箱中保温 15~30 min 加快反应速度。若培养液呈现红色，则为 VP 试验阳性。

6. 柠檬酸盐利用试验

（1）接种：取 3 支柠檬酸盐斜面培养基试管，1 支接种大肠杆菌，1 支接种产气杆菌，1 支不接种作为阴性作对照。

（2）培养：37 ℃培养 24 h。

（3）观察结果：与阴性对照比较，如果斜面上有细菌生长、培养基颜色变为深蓝色，为阳性结果；若培养基不变色，继续培养 5~7 天，培养基仍不变色保持绿色则为阴性。

7. 硫化氢试验

（1）接种：取 3 支柠檬酸铁铵半固体培养基试管，采用管壁穿刺接种法接种（即无菌接种针挑取菌种后沿着试管管壁穿刺接种），1 支接种大肠杆菌，1 支接种普通变形杆菌，1 支不接种作为阴性对照。

（2）培养：接种好的试管培养物置于 37 ℃培养 24 h。

（3）观察结果：试管培养基中若出现黑色沉淀线为阳性。培养基颜色不变为阴性。

8. 明胶液化试验

（1）接种：取 3 支营养明胶培养基试管，用穿刺接种法接种，1 支接种大肠杆菌，1 支接种枯草杆菌，1 支不接种作为阴性对照。

（2）培养：37 ℃培养 48 h。

（3）观察结果：观察明胶的液化情况。若室温较高，培养基自行熔化时，可将明胶培养基轻轻放入 4 ℃冰箱 30 min，然后取出观察结果，不再凝固表明明胶已被细菌液化，此为明胶液化试验阳性。

9. 淀粉水解实验

（1）接种：淀粉培养基冷却到 50 ℃左右，无菌操作制成平板。平板冷却后，取 3 个平板，用无菌接种环在 1 个平板上划线接种（蛇形划线）枯草杆菌，在另 1 个平板上划线接种大肠杆菌（蛇形划线），另 1 个平板不接种作为阴性对照。

（2）培养：接种后平板置于 37 ℃恒温箱培养 24 h。

（3）观察结果：打开培养皿，将卢戈氏碘液逐滴滴加于平板上，轻轻摇动平皿，使碘液均匀布满平板。如菌苔周围有透明圈出现，表明细菌产生淀粉酶，淀粉已被水解。相对于菌落直径，透明圈越大，说明该菌水解淀粉能力越强。

10. 硝酸盐还原试验

（1）接种：取 3 支硝酸盐培养基试管，1 支接种大肠杆菌，1 支接种枯草杆菌，另 1 支不接种作为阴性对照。

(2) 培养与观察：37 ℃培养 18~96 h。用无菌吸管吸取培养物 2 mL 加于试管内，加入格里斯试剂 A 液和 B 液各 1 滴，与未接种细菌的阴性对照管相比较，立即或 10 min 内观察结果。若出现粉红色、玫瑰色、橙色或棕色，则表示有亚硝酸盐存在，为硝酸盐还原试验阳性。

加入格里斯试剂后未出现红色反应的培养物，用二苯胺试剂检验硝酸盐的存在。倾斜试管，沿管壁慢慢滴入二苯胺试剂 1~2 滴，如培养液呈现蓝色，表示培养液中仍有硝酸盐存在而未被还原，无亚硝酸盐存在，此为硝酸盐还原试验阴性。若加入格里斯试剂后未出现红色变化的培养物，用二苯胺试剂检验仍无颜色反应（无蓝色出现），表示硝酸盐和新形成的亚硝酸盐都被还原成其他物质，该菌具有硝酸盐还原作用，按硝酸盐还原阳性处理。

由于繁殖迅速、硝酸盐还原能力强的细菌，培养时间过久可能将亚硝酸盐全部分解成为氨气和氮气，故须每天进行结果检验。

五、实验结果与讨论

(1) 列表记录被测细菌的葡萄糖发酵试验、乳糖发酵试验、硫化氢试验、明胶液化试验、淀粉水解试验、硝酸盐还原试验结果。

(2) 列表记录被测细菌的 IMViC 试验结果并说明进行 IMViC 检验的意义。

六、思考题

(1) 在吲哚试验和硫化氢试验中细菌各分解何种氨基酸？

(2) VP 试验原理是什么？VP 试验中为什么要加入氢氧化钾和甲萘酚，它们各起什么作用？

(3) 说明硝酸盐还原实验对细菌的生理意义及对农业生产的影响。

实验九　枯草芽孢杆菌的紫外诱变

一、实验目的

了解紫外线诱变原理，掌握紫外线诱变育种的基本方法。

二、实验原理

紫外线对微生物生理活动的影响随着照射剂量、照射时间以及照射距离的不同而不同。剂量高、时间长、距离短则杀灭作用强，剂量低、时间短、距离长就会有少量的个体残存下来，其中一些个体的遗传特性会发生变异。利用这种遗产变异可进行菌种选育。据统计，目前诱变育种菌株中大约有 80% 的抗生素高产菌株是经过紫外诱变获得的。紫外诱变最有效的波长在 253~265 nm，一般紫外杀菌灯发射的紫外线大约有 80% 波长是 254 nm。

紫外线诱变的主要作用是使细菌 DNA 双链之间或同一条链上相邻的二个胸腺嘧啶核苷酸形成二聚体，阻碍双链的分开、复制和碱基的正常配对，从而引起基因突变，最终导致微生物表型的变化或死亡。不容忽视的是，受紫外线损伤的 DNA，易产生光复活现象，即在有效波长为 400 nm 左右的可见光的作用下，光复活酶（Photoreactivating Enzyme）被激活，光复活酶裂解紫外线照射形成的嘧啶二聚体，从而使细菌复活。资料显示，高等的哺乳类生物没有光复活酶，而从低等单细胞生物一直到鸟类，除少数生物如病毒和枯草杆菌外，其他的所有生物几乎都具有光复活酶，因此，经紫外诱变处理过的微生物样品需用黑纸或黑布包裹以避免可见光的照射。另外，紫外照射处理后的样品也不能存放太久，以免由于除去紫外损伤的有效作用时间延长，而致使出现损伤得以修复的间接光复活现象。

紫外诱变时在紫外灯的功率、照射距离一定的情况下，相对剂量用照射时间表示。不同的微生物对紫外线的敏感程度不同，需要通过预备实验确定合适的剂量。变异率取决于诱变剂量，变异率和致死率之间有一定关系，可用致死率作为选择适宜剂量的依据。一般随着诱变剂量的提高，致死率增大，在残存的细胞中变异幅度也扩大，但达到一定剂量后，再增加剂量反而会使诱变效应下降。一般认为致死率控制在90%以上诱变效果较好，但也有报道认为致死率以50%~80%为宜。一般细菌营养体照射30~120 s，霉菌孢子照射5~7 min。具体实验中，可根据菌种特性等因素通过预备试验研究确定适宜的致死率控制比例。

本实验用紫外线对产淀粉酶的枯草芽孢杆菌进行诱变处理。根据枯草芽孢杆菌在淀粉培养基上透明圈直径的大小来指示诱变效应。相同条件下，透明圈越大表示淀粉酶活性越强。

三、实验器材与试剂

1. 实验仪器

紫外照射箱、超净工作台、恒温培养箱、电子天平。

2. 微生物材料

枯草芽孢杆菌。

3. 培养基

淀粉琼脂培养基、牛肉膏蛋白胨液体培养基。

4. 试剂

无菌生理盐水。

5. 实验用具

无菌平板、无菌三角瓶、试管、无菌涂布耙、酒精灯、记号笔、黑纸、试管架、无菌吸管等。

四、实验内容与方法

1. 灭菌准备

（1）菌种培养液体培养基的制备：在250 mL三角瓶装入100 mL牛肉膏蛋白胨液体培养基，121 ℃高压蒸汽灭菌、冷却。

（2）无菌生理盐水试管：8管（每管分装4.5 mL生理盐水），灭菌备用。

（3）无菌培养皿：16副培养皿，灭菌备用。

（4）涂布耙：1个，灭菌备用。

（5）移液管：8支（0.5~2 mL），灭菌备用。

（6）淀粉琼脂培养基：配制350 mL左右，灭菌备用。

2. 菌液的制备

在无菌的装有100 mL肉汤蛋白胨液体培养基的250 mL三角瓶中接种枯草杆菌菌种，

37 ℃振荡培养 18~24 h。

3. 制平板

将冷却到 50 ℃左右淀粉琼脂培养基无菌操作倒入培养皿中，冷却凝固。

4. 菌液稀释

取摇瓶培养至对数期的菌液（菌液浓度为 10^8 ~ 10^{10}）0.5 mL 加入 4.5 mL 生理盐水试管中，进行 10 倍系列倍比稀释，稀释度为 10^{-1} ~ 10^{-8}，做好标记。

5. 接种和涂布

将菌液混匀，然后用无菌吸管从 10^{-8} 到 10^{-1} 稀释度的菌液中分别吸取 100 μL 菌液注入平板中，每个稀释度接种两副平板。做好标记后，用无菌涂布耙分别涂布均匀。平板上菌液呈均匀分散的单细胞状态，更利于均匀接受诱变，并可减少不纯种的出现。

6. 紫外线处理

（1）预先打开紫外灯照射 15 min，使光波稳定。

（2）紫外线处理：以 10^{-8} 和 10^{-7} 平板作为阴性对照。10^{-6} 和 10^{-5} 平板照射 30 s，10^{-4} 和 10^{-3} 平板照射 45 s，10^{-2} 和 10^{-1} 平板照射 60 s。将同一时间的 2 副平板皿盖打开，在紫外灯下照射，紫外灯功率为 30 W，照射距离为 30 cm，准确计时，照射结束后取出。一般微生物的紫外诱变需在暗室或红光下进行紫外线处理。本实验所用枯草杆菌无光复活酶，故可在可见光下进行，照射结束后可不用黑布或双层报纸包裹。置 37 ℃培养 48 h 后观察并记录试验结果。

7. 菌落计数、计算存活率及致死率

存活率=处理后每毫升活菌数/对照每毫升活菌数×100%

致死率（%）= 1-存活率

8. 观察诱变效应

取出培养皿，分别向菌落分散开的平板内滴加卢戈氏碘液数滴，在菌落周围将出现透明圈，分别测量透明圈直径与菌落直径并计算其比值（HC 值=透明圈直径/菌落直径）。与对照平板进行比较，把明显大于对照的菌落接种到斜面培养保存，可用于菌种复筛。正诱变：透明圈大于对照；负诱变：透明圈小于对照。

五、实验结果与讨论

（1）记录紫外诱变结果，如表 9-1 所示。

表 9-1　紫外诱变结果记录表

<table>
<tr><td>照射时间</td><td colspan="2">0 s</td><td colspan="2">0 s</td><td colspan="2">30 s</td><td colspan="2">30 s</td><td colspan="2">45 s</td><td colspan="2">45 s</td><td colspan="2">60 s</td><td colspan="2">60 s</td></tr>
<tr><td>菌液稀释度</td><td colspan="2">10⁻⁸</td><td colspan="2">10⁻⁷</td><td colspan="2">10⁻⁶</td><td colspan="2">10⁻⁵</td><td colspan="2">10⁻⁴</td><td colspan="2">10⁻³</td><td colspan="2">10⁻²</td><td colspan="2">10⁻¹</td></tr>
<tr><td>重复编号</td><td>1</td><td>2</td><td>1</td><td>2</td><td>1</td><td>2</td><td>1</td><td>2</td><td>1</td><td>2</td><td>1</td><td>2</td><td>1</td><td>2</td><td>1</td><td>2</td></tr>
<tr><td>菌落平均个数</td><td colspan="2"></td><td colspan="2"></td><td colspan="2"></td><td colspan="2"></td><td colspan="2"></td><td colspan="2"></td><td colspan="2"></td><td colspan="2"></td></tr>
<tr><td>致死率%</td><td colspan="2"></td><td colspan="2"></td><td colspan="2"></td><td colspan="2"></td><td colspan="2"></td><td colspan="2"></td><td colspan="2"></td><td colspan="2"></td></tr>
<tr><td>存活率%</td><td colspan="2"></td><td colspan="2"></td><td colspan="2"></td><td colspan="2"></td><td colspan="2"></td><td colspan="2"></td><td colspan="2"></td><td colspan="2"></td></tr>
<tr><td>HC 比值</td><td colspan="2"></td><td colspan="2"></td><td colspan="2"></td><td colspan="2"></td><td colspan="2"></td><td colspan="2"></td><td colspan="2"></td><td colspan="2"></td></tr>
</table>

（2）紫外线诱变作用的机理是什么？
（3）为保证诱变效果，在照射中和照射后的操作中有哪些注意事项？

实验十　枯草芽孢杆菌的化学诱变

一、实验目的

了解硫酸二乙酯的诱变机理，学习化学诱变育种的方法。

二、实验原理

化学诱变育种是用化学诱变剂处理材料，诱发遗传物质的突变，然后根据育种目标，对产生的变异进行鉴定、培育和选择，最终育成新品种。化学诱变剂引起微生物基因突变的分子基础，是在DNA链上引起碱基序列的改变或是结构的改变。碱基序列或结构的变化，可导致编码氨基酸的变化，影响某些蛋白质的合成或酶的活性，从而使菌体发生某一性状的改变。这种改变可以稳定地遗传给后代，产生具有新的遗传性状的菌株。

能够引起基因突变的化学物质，常见的有烷化剂，如甲基磺酸乙酯（EMS）、硫酸二乙酯（DES）；核酸碱基类似物，如5-溴尿嘧啶、马来酰肼、2-氨基嘌呤；嵌入剂，如溴化乙锭（EB）；无机化合物，如亚硝酸；其他诱变剂，如盐酸羟胺等。其中，烷化剂能使DNA分子中的碱基烷基化，导致配对错误，产生碱基替代；5-溴尿嘧啶为胸腺嘧啶（T）的类似物，2-氨基嘌呤为腺嘌呤（A）的类似物，马来酰肼为尿嘧啶（U）的异构体；亚硝酸通过脱氨作用，能使腺嘌呤转化为次黄嘌呤，使胞嘧啶转化为尿嘧啶，使碱基对发生置换；溴化乙锭可以嵌入碱基分子中，导致错配；羟胺，是还原剂，专一性地与胞嘧啶作用，使其C4位置上的氨基羟化，导致碱基对置换。化学诱变剂90%以上是致癌物质或极毒药品，使用时必须注意操作安全。

本实验以硫酸二乙酯作为诱变剂，对产生淀粉酶的枯草芽孢杆菌进行诱变试验。根据诱变后淀粉培养基上透明圈的大小所指示的淀粉酶活性的改变来表示诱变效应。使用的硫酸二乙酯是烷基硫酸盐，具有致癌毒性，应戴一次性乳胶手套操作，切勿接触皮肤，并注意防止污染周围环境。

三、实验器材与试剂

1. 实验仪器

离心机、恒温培养箱。

2. 微生物材料

枯草芽孢杆菌。

3. 实验试剂

硫酸二乙酯、25%硫代硫酸钠、0.1 mol/L pH7.0 磷酸缓冲液。

4. 灭菌备用实验用品

（1）培养基：50 mL 肉汤蛋白胨培养基、250 mL 淀粉琼脂培养基，装入三角瓶灭菌备用。

（2）磷酸缓冲液处理用试管：3 支（每支试管加入 4.5 mL 磷酸缓冲液）。

（3）磷酸缓冲液稀释用试管：15 支（每支试管加入 4.5 mL 磷酸缓冲液）。

（4）洗涤用磷酸缓冲液：30 mL（单独灭菌）。

（5）移液管：5 mL，2 支；1 mL，9 支。

（6）培养皿：12 个；涂布耙：1 个；离心管（10 mL）：1 个。

四、实验内容与方法

1. 对数期菌液的制备

取一环已活化的枯草芽孢杆菌斜面菌种接种到装有 50 mL 肉汤蛋白胨液体培养基的三角瓶中，37 ℃、200 r/min 振荡培养 16~20 h。

2. 菌悬液的制备

用无菌移液管移取 5 mL 菌液放于 10 mL 离心管中，配平后 3000 r/min 离心 15 min，弃去上清液，加入 5 mL 0.1 mol/L pH7.0 的磷酸缓冲液洗涤菌体，然后离心、弃去上清液，同样方法再洗涤菌体及离心 1 次，弃去上清液，最后离心管中菌体沉淀用 5 mL 磷酸缓冲液制成菌悬液。

3. 诱变处理

取 0.5 mL 菌悬液加入准备好的 4.5 mL 磷酸缓冲液无菌试管中，分别做 3 管，其中 1 管作为对照管，另外 2 管中分别加入 0.1 mL 硫酸二乙酯（切勿接触皮肤，应戴乳胶手套操作），这两管分别在室温下诱变处理 15 min、30 min，然后迅速加入 0.3 mL 25%硫代硫酸钠终止反应。

4. 稀释

对照管和处理管中菌液分别进行稀释。用无菌移液管吸取 0.5 mL 菌液加入已备好的 4.5 mL 磷酸缓冲液无菌试管中，摇匀即得稀释到 10^{-1} 的菌悬液，再从其中吸取 0.5 mL 加入另外一支 4.5 mL 磷酸缓冲液无菌试管中，摇匀。以此类推进行倍比稀释，将对照管和处理管中菌液分别稀释到 10^{-5}。

5. 倒平板

将三形瓶中淀粉琼脂培养基加热熔化，冷却到 50 ℃左右时倒制 12 副平板。

6. 涂平板与培养

从对照液及 2 个处理液的 10^{-5} 及 10^{-4} 两个稀释度的试管中分别取出 0.1 mL 注入淀粉培养基平板，用涂布耙涂布均匀，各重复 2 个平板，共 12 个平板，用记号笔做好标记。于 37 ℃培养 24~48 h。

7. 菌落计数、存活率及致死率计算

培养结束后菌落计数，计算硫酸二乙酯诱变处理 15 min、30 min 的菌体存活率和致死率。

存活率=处理后每毫升活菌数/对照每毫升活菌数×100%

致死率=1-存活率

硫酸二乙酯对枯草芽孢杆菌的化学诱变流程如图 10-1 所示。

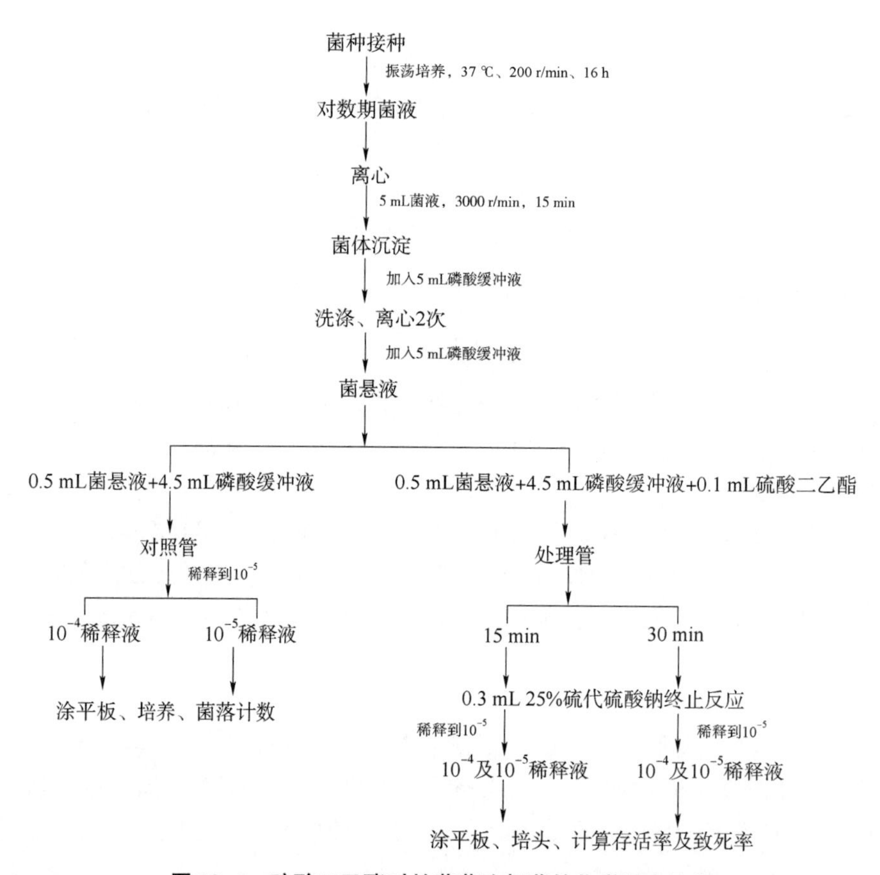

图 10-1　硫酸二乙酯对枯草芽孢杆菌的化学诱变流程

8. 观察诱变效应

分别向菌落分散开的平板内加卢戈氏碘液数滴，在菌落周围将出现透明圈，分别测量透明圈与菌落直径并计算其比值（HC 值）。与对照平板进行比较，说明诱变效应。把明显大于对照的菌落转接到斜面培养保存，可用于菌种的复筛。

五、实验结果与讨论

（1）记录硫酸二乙酯对枯草芽孢杆菌化学诱变的结果，并进行分析讨论。

（2）化学诱变剂的诱变机理是什么？为保证诱变效果操作中应注意哪些环节？

（3）用化学诱变剂处理细菌，为什么要用缓冲液来制备菌悬液及对菌体进行洗涤？

实验十一　Ames 致突变检测试验

一、实验目的

（1）掌握 Ames 试验法定性检测物质致突变性的基本原理。

（2）掌握 Ames 试验点试法的操作方法和评价方法。

（3）巩固微生物学遗传知识和无菌操作技术。

二、实验原理

工业生产的发展是一把双刃剑，在使社会经济飞速发展的同时，也不可避免地造成了环境的污染，在给人们提供丰富多样化商品的同时，也带来了更多的生物安全风险。目前，癌症已经成为威胁人类健康最严重的疾病之一，除了个人的不良生活习惯之外，空气污染、饮水污染、周围环境污染以及生活用品污染已成为损害人们健康、导致癌症发病率增大的重要影响因素。

如今针对人们日常生活中的饮用水安全、食品添加剂和化妆品等产品使用安全性的确证仍是人类面临的难题之一。目前公认的检测诱变剂和致癌剂的最灵敏快速的常规检测法之一，是由美国加利福尼亚大学 B. N. Ames 教授在 1975 年建立的鼠伤寒沙门氏菌/哺乳动物微粒体试验（也称 Ames 试验），检测阳性结果和致癌物吻合率达 83%。

Ames 试验法是利用一系列鼠伤寒沙门氏菌（*Salmonella typhimurium*）的组氨酸营养缺陷型（his^-）菌株与被检物接触后发生的回复突变来检测被检物致突变性的方法。组氨酸营养缺陷型（his^-）菌株在不含组氨酸的基本培养基上不能生长，在受到致突变剂作用后可发生回复突变，使组氨酸营养缺陷型（his^-）变为原养型（his^+），在基本培养基上能正常生长并形成肉眼可见的菌落。因此，通过 Ames 试验法在较短时间内即可根据回复突变来判断被检物是否具有致突变性，具有致突变性的物质再用于动物试验检测其致癌性。常用的组氨酸缺陷型测试菌株有 TA100、TA98、TA97、TA102 及 TA1535、TA1537 等，这些试验菌株除了含有 his^-突变，还有一些附加突变，以提高其敏感性。TA100、TA102、TA1535 用于检测引起置换突变的诱变剂，TA97、TA98、TA1537 用于检测引起移码突变的诱变剂。

物质的致突变性有直接致突变性和间接致突变性。试验中被测物直接作用于测试菌株表现出阳性结果为直接致突变性，但有些化合物直接作用于测试菌株并不引起突变，但进入人体或动物体内经过肝代谢作用后会转变为致突变物质，表现出间接致突变性。因此，在试验中测定物质的间接致突变性，需在测试体系中加入哺乳动物肝微粒体多功能氧化酶 S9 混合液使待测物质活化后进行致突变性检测。另外，由于受试的几种鼠伤寒沙门氏菌株虽均为组氨酸营养缺陷型但在其他性能上存在差异，所以一种被测物对不同的菌株可能表现出不同的致突变结果，或阳性或阴性，但只要一种受试菌株表现出阳性结果则可认为被测物是致突变剂，在几种受试菌株均为阴性结果时才可认为被测物是非致突变剂。

Ames 试验的常规方法有点试法和平板掺入法两种。点试法是一种定性试验，平板掺入法可定量检测样品致突变性的强弱。本实验学习 Ames 试验点试法定性检验样品直接致突变性的方法。

三、实验器材与试剂

1. 微生物材料

鼠伤寒沙门氏菌（*Salmonella typhimurium*）TA98 菌株。

2. 培养基

（1）营养肉汤培养基，分装于试管每支 5 mL，121 ℃高压灭菌 20 min。

（2）底层培养基：$MgSO_4 \cdot 7H_2O$ 0. 2 g，柠檬酸 2 g，磷酸氢二钾 10 g，四水磷酸氢铵钠 3. 5 g，葡萄糖 20 g，琼脂 15 g，pH7. 0，蒸馏水 1000 mL，分装入三角瓶，115 ℃灭菌

30 min，用于倒制 8~10 个平板。

（3）上层半固体培养基：氯化钠 0.5 g，琼脂 0.6 g，蒸馏水 100 mL，将上述各组分混合加热溶化后再加入 10 mL 的 0.5 mmol/L L-组氨酸+0.5 mmol/L D-生物素混合液，加热混匀后迅速分装试管，每管分装 3 mL，分装 8~10 支试管，115 ℃高压灭菌 20 min。

3. 实验试剂

（1）0.5 mmol/L L-组氨酸+0.5 mmol/L D-生物素混合液：7.7 mg L-组氨酸、12.2 mg D-生物素，溶解于温热的蒸馏水中并定容至 100 mL 备用。

（2）待测样品：染发剂原液及 10 倍稀释液。

（3）阳性对照：4-硝基-O-苯二胺（4-NOPD，200 μg/ mL）。

（4）阴性对照：无菌水。

4. 实验仪器

恒温培养箱、摇床、水浴锅等。

5. 其他用具

无菌移液管、无菌试管、直径 5 mm 无菌圆滤纸片、镊子等。

四、实验内容与方法

1. 菌悬液的制备

取一支装有 5 mL 营养肉汤培养基的试管，接种一环经活化的 TA98 菌苔，做好标记，然后将其放置于 37 ℃摇床上震荡培养 10~12 h，使菌悬液的浓度达到 1×10^{9} mL^{-1}。

2. 倒底层平板

将三角瓶中的底层培养基彻底融化，冷却至 45~50 ℃时无菌操作倒制 8 块平板，减少平板表面形成过多冷凝水，以防止上层培养基滑动。

3. 上层半固体培养基融化及保温

将上层半固体培养基 8 支试管放在沸水浴中彻底熔化，然后置于 45 ℃水浴中保温。

4. 菌液与上层半固体培养基混合、倒平板

用一支 1 mL 的无菌移液管吸取 0.1 mL 制备好的 TA98 菌悬液，放入 1 支 45 ℃水浴中保温的上层半固体培养基试管中，立即用两个手掌搓匀，迅速倒在底层培养基平板上，转动平板，使之分布均匀，重复 8 皿，静置待凝。

倒上层半固体培养基时，动作要快，吸取、混匀和铺满底层要在 20 s 内完成，否则上层培养基凝固会造成平板表面不平整。为避免因温度过低造成上层培养基凝固太快，可将底层培养基平板在 37 ℃培养箱中预热后再倾倒上层半固体培养基。

5. 检测样液滤纸片的置入

阴性对照：将镊子尖端蘸取乙醇并过火灭菌、冷却后，夹取一片无菌圆滤纸片，浸入无菌水中，然后将浸液滤纸片在容器壁上轻碰一下，除去多余水分，将此无菌水滤纸片平放于上述制备的平板中央，重复 2 皿作为阴性对照。

阳性对照：用无菌镊子夹取一片无菌滤纸片浸入 4-硝基-O-苯二胺溶液中，除去多余样液后平贴于平板中央，重复 2 皿作为阳性对照。注意镊子勿重复使用防止交叉污染。

检测液：按照上述方法分别用镊子蘸取染发剂原液及 10 倍稀释液置于平板中央，每个样品重复 2 皿，做好标记。

6. 培养

将上述 8 块平板置于 37 ℃恒温培养箱中，培养 48 h 后观察记录回复突变结果。

7. 试验注意事项

（1）本试验用于检测被检物的直接致突变性。由于原核生物的细胞内缺乏代谢酶活化系统，检测某些物质的间接致突变性，需要添加哺乳动物肝细胞内微粒体羟化酶系统作为体外活化系统（S-9 混合液），使被检物被激活后显示致突变结果，以此提高待检物阳性检测率的准确性。

（2）试验前，需对鼠伤寒沙门氏菌测试菌株进行主要遗传性状鉴定，包括组氨酸营养缺陷型、生物素缺陷型、脂多糖屏障丢失、抗药性因子、紫外修复缺失鉴定等，确保其为符合要求的可靠的纯培养物才能使用。

（3）对某一种待检物的致突变性检测，不同的菌株可能表现出不同的致突变性结果，因此，待检物 Ames 检测时，需要采用多个菌株进行试验以便取得较可靠的结果。

（4）鼠伤寒沙门氏菌是一种条件致病菌，试验时须小心操作防止菌液外溢。试验时所用过的器材如带菌的试管、移液管以及平板培养基等必须放于 5% 的石炭酸溶液中或在 121 ℃高压蒸汽灭菌 20 min 后方可清洗。同时须注意个人安全防护，尽量减少接触污染物的机会。阳性对照物也必须安全规范操作与回收处理，防止个人污染与环境污染。

五、实验结果与讨论

（1）观察平板上鼠伤寒沙门氏菌 TA98 的生长情况、评价试验结果。

如果圆滤纸片周围长出一圈密集可见的回变菌落，可初步认为该待检物为致突变剂物。如没有或只有少数菌落出现，则为阴性，菌落密集圈外生长的散在大菌落是自发回复突变的结果，与待检物无关。此外，若在纸片周围形成一透明圈，表明该待检物在一定浓度范围内具有抑菌效应。

（2）Ames 试验操作过程中有哪些注意事项？

六、思考题

（1）为什么不同的测试菌株会出现不同的检测结果？

（2）待检物 Ames 试验的结果评价应把握哪些原则？

第三部分　综合性实验

实验十二　噬菌体的分离及噬菌体效价的测定

一、实验目的

（1）学习和掌握噬菌体的分离纯化方法。
（2）掌握噬菌体效价测定的原理以及常用的测定方法。
（3）认识噬菌斑的形态特征。

二、实验原理

噬菌体是能感染细菌的一类细菌病毒，其个体微小，不具有完整细胞结构，只含有单一核酸，是一类普遍存在的专性寄生性微生物，能利用细菌的核糖体、蛋白质合成所需的各种因子、各种氨基酸和能量来实现其自身的生长和增殖。通常在充满细菌群落的地方，都有噬菌体的存在。根据所含的核酸不同，噬菌体可分为单链 RNA 噬菌体（ss RNA）、双链 RNA 噬菌体（ds RNA）、单链 DNA 噬菌体（ss DNA）、双链 DNA 噬菌体（ds DNA）；根据侵染细菌后作用方式不同，可分为温和噬菌体和烈性噬菌体。温和噬菌体，侵染细菌细胞后，将其核酸整合到宿主菌 DNA 上，随宿主 DNA 的复制进行同步复制，不引起宿主细胞的裂解。烈性噬菌体能在短时间内连续完成吸附、侵入、增殖、装配、裂解五个阶段实现自身的繁殖。烈性噬菌体侵染宿主细胞后，使之成为制造工厂而产生大量新的噬菌体，最后导致宿主菌体裂解死亡，噬菌体核酸由此释放。在宿主菌的液体培养基内可使菌悬液由浑浊变为澄清，在宿主菌的琼脂固体培养基上，噬菌体裂解细菌或限制细菌生长而形成透明或浑浊的空斑，即噬菌斑。一个噬菌体产生一个噬菌斑，根据此现象可对噬菌体进行分离纯化及对噬菌体效价进行测定。

效价指某一物质引起生物反应的功效单位。噬菌体效价，即噬菌体引起生物反应的功效单位，意指噬菌体的浓度，即每毫升样品含噬菌体的个数。通常对含敏感菌的平板上形成的噬菌斑进行噬菌体的计数，以每毫升含有的噬菌斑形成单位（plaque forming unit/mL 或 pfu/mL）表示其效价。常用的测定噬菌体效价的方法是双层琼脂平板法，具体方法与土壤中微生物的活菌计数方法类似。将噬菌体作梯度稀释后，与宿主菌液混合制成平板，根据培养后形成的噬菌斑形成单位的数量，测算噬菌体的效价。该方法形成的噬菌斑清晰度高、形态大小一致，计数比较准确，具有广泛的应用，但由于少数菌体可能未引起感染，计数结果一般偏低，噬菌斑计数效率难以接近100%。

三、实验器材与试剂

1. 微生物材料

大肠杆菌（*E. coli*）、阴沟污水。

2. 培养基及试剂

（1）牛肉膏蛋白胨液体培养基，分装入试管，每管4.5 mL。

（2）含琼脂2%的底层牛肉膏蛋白胨固体培养基，分装入试管中，每管10 mL。

（3）含琼脂0.7%的上层牛肉膏蛋白胨半固体培养基，分装入试管中，每管4 mL。

（4）三倍浓缩牛肉膏蛋白胨固体培养基100 mL装入三角瓶中。

（5）试剂：无菌水、生理盐水。

3. 实验仪器

水浴锅、离心机、恒温培养箱、蔡氏滤器、真空泵等。

4. 其他器材

无菌吸管、无菌涂布耙、无菌试管、试管架、酒精灯、三角瓶、无菌培养皿、无菌离心管（50 mL）、接种环、接种针等。

四、实验内容与方法

1. 噬菌体的分离纯化

1）大肠杆菌菌悬液的制备

在大肠杆菌斜面菌种试管中，加入少量无菌水，用接种环刮下斜面菌种，制成菌悬液。

2）噬菌体的增殖培养

取装有100 mL三倍浓缩牛肉膏蛋白胨液体培养基经灭菌并冷却后的三角瓶，加入20 mL污水，再加入3 mL大肠杆菌菌悬液，摇匀后，在37 ℃培养12~24 h。

3）噬菌体裂解液的制备

将噬菌体的增殖培养液倒入50 mL的无菌离心管中，配平后在4000 r/min离心15 min，获得上清裂解液。上清裂解液用无菌蔡氏滤器进行除菌过滤，获得的滤液放在37 ℃培养过夜，做无菌检查。无细菌存在的滤液可做下一步噬菌体存在与否的查证。

4）噬菌体检查

（1）取一滴大肠杆菌菌液加在牛肉膏蛋白胨琼脂平板上，用无菌涂布耙涂布均匀。

（2）待菌液充分吸附入培养基中后，在平板上一个区域滴加1小滴或几小滴无菌噬菌体滤液，在另一区域滴加一小滴生理盐水作对照。

（3）将平板置于37 ℃培养过夜。

（4）若滴加滤液处无菌生长出现透明空斑，而对照区域无噬菌斑，则表明滤液中有大肠杆菌噬菌体存在。

5）噬菌体的纯化

（1）取一支装有液体牛肉膏蛋白胨培养基的试管，接种入一环噬菌体滤液，再加入0.1 mL大肠杆菌菌悬液，混匀。

（2）底层培养基平板的制备：在无菌培养皿中，先倒入熔化并保温至45 ℃的10 mL底层牛肉膏蛋白胨琼脂培养基制成底层培养基平板。

（3）上层培养基的准备：取装有 4 mL 上层牛肉膏蛋白胨半固体培养基的试管，在沸水浴中熔化后在 45 ℃水浴锅中保温。

（4）上层培养基与噬菌体、菌液的混合：取 0.2 mL 步骤（1）中制备好的混合液加到 45 ℃保温的上层培养基试管中，立即用两个手掌搓动试管混匀，并迅速倒入底层牛肉膏蛋白胨琼脂平板上，转动平板使其分布均匀。上层培养基凝固后，将平板放于 37 ℃培养 24 h。

（5）结果观察与进一步纯化：观察平板中的噬菌斑，如果平板上出现的噬菌斑形态、大小不一致则需要进行噬菌体的进一步纯化。

用无菌接种针或无菌牙签在单个噬菌斑上刺取一针接种于大肠杆菌的牛肉膏蛋白胨培养液中，37 ℃培养 12~24 h，管内菌液完全溶解后，再进行过滤除菌，滤液再重复进行纯化步骤，直至在双层琼脂平板上出现的噬菌斑形态、大小一致，则表明分离的噬菌体已得到纯化。

2. 噬菌体效价的测定

1）噬菌体样品的稀释

以 10 倍系列倍比稀释法对高效价的噬菌体样品进行稀释。用无菌吸管从噬菌体原液中吸取 0.5 mL 加入分装有 4.5 mL 牛肉膏蛋白胨液体培养基的试管中，将噬菌体样品稀释到 10^{-1}，再从混匀的 10^{-1} 稀释液中吸取 0.5 mL 加入另一支分装有 4.5 mL 牛肉膏蛋白胨液体培养基的试管中，将样品稀释到 10^{-2}，以此类推，逐步稀释到 10^{-6}。

2）底层琼脂培养基平板的制备

将 12 支融化并保温至 45 ℃的 10 mL 牛肉膏蛋白胨固体培养基分别倒入一个无菌培养皿中，制成底层培养基平板。凝固后在皿底标注稀释度 10^{-4}、10^{-5}、10^{-6}，每个稀释度 3 副平板，其余 3 副平板作为对照。

3）上层培养基的准备及与噬菌体、菌液的混合

取 3 支装有 4 mL 上层牛肉膏蛋白胨半固体培养基的试管，融化后保温至 45 ℃，用无菌吸管分别吸取 0.1 mL 稀释度为 10^{-4} 的噬菌体样品分别加入上述 3 支上层培养基试管中，然后再向其中加入 0.1 mL 大肠杆菌菌液，立即用手搓动试管将其混匀，然后迅速倒入标注为 10^{-4} 的底层琼脂培养基平板中，铺平，凝固。用相同的方法，完成 10^{-5}、10^{-6} 稀释度的噬菌体样品的操作。对照管在上层培养基试管中加入大肠杆菌菌液 0.1 mL、无菌水 0.1 mL 搓动混匀后倒平板。

4）培养

将完成接种的双层琼脂平板在 37 ℃倒置培养 24 h。

5）结果观察与记录

观察平板中噬菌斑，记录每一稀释度平板上出现的噬菌斑形成单位数并计算平均值。取噬菌斑数目在 30~300 的数值计算噬菌体效价。效价计算公式为

$$噬菌体效价(pfu/mL) = 噬菌斑数 \times 稀释倍数 \times 10$$

6）平板的清洗

将噬菌体平板放于沸水中煮沸 20 min 后清洗干净。

五、实验结果与讨论

（1）对分离获得的大肠杆菌噬菌体噬菌斑的形态拍照并描述其形状与大小特征。

（2）计算噬菌体效价，测定结果记录表 12-1 中。

表 12-1　噬菌体效价测定结果记录表

噬菌体稀释度	10^{-4}			10^{-5}			10^{-6}			对照		
平板编号	1	2	3	1	2	3	1	2	3	1	2	3
噬菌斑数/pfu · 皿$^{-1}$												
噬菌斑平均数/pfu · 皿$^{-1}$												
噬菌体效价/pfu · mL^{-1}												

六、思考题

（1）噬菌体的分离纯化与细菌、放线菌的分离纯化有何异同点？

（2）噬菌体裂解液为什么进行除菌过滤？不过滤会出现什么后果？

（3）什么因素决定噬菌斑的大小？

（4）用双层琼脂平板法准确测定噬菌体效价，需要注意的实验操作有哪些？

（5）如果平板上出现其他细菌的菌落是否会影响噬菌体效价的测定？

（6）测定噬菌体效价的意义是什么？

实验十三　水中菌落总数及总大肠菌群的测定

一、实验目的

（1）了解水中菌落总数和总大肠菌群的测定原理和测定意义。

（2）掌握用平板计数法测定水中菌落总数的方法。

（3）掌握多管发酵法检测水中总大肠菌群的方法。

二、实验原理

水是人类赖以生存的基础，也是生产中使用最为广泛的原料。水的微生物学检验，对于评价和控制水质状况、保证饮水安全和防控传染疾病具有重要意义。为确保饮水和用水安全，必须对水质进行严格的常规监测，对具有潜在危害的致病性微生物进行监控。

水中菌落总数可作为水样被有机物污染程度的标志，菌落数量越多，水被污染的程度越大。

水中病原菌的存在与肠道来源的细菌相关。肠道微生物特别是大肠菌群细菌在水中的存活时间、对消毒剂及其他不良因素的抵抗力与病原菌相似，而且在人肠道和粪便中数量很多，检测方法相对简易，受粪便污染的水中容易被检出，以大肠菌群作为水源被粪便污染的指示微生物及检测指标，可以推测水源受肠道病原菌污染的可能性，而不用直接检测肠道致病菌。

我国的现行生活饮用水卫生标准 GB 5749—2006 规定了生活饮用水（饮水和生活用水）中微生物指标 6 项，其中总大肠菌群（MPN/100 mL 或 CFU/100 mL）不得检出，菌落总数（CFU/ mL）不超过 100 个，如表 13-1 所示。MPN（most probable number）表示最可能数，CFU（colony-forming unit），表示菌落形成单位。当水样检出总大肠菌群时，应进一步检验大肠埃希氏菌或耐热大肠菌群。

表 13-1　GB 5749—2006 生活饮用水微生物指标及限值

微生物指标	单位	限值
总大肠菌群	MPN/100 mL 或 CFU/100 mL	不得检出
耐热大肠菌群	MPN/100 mL 或 CFU/100 mL	不得检出
大肠埃希氏菌	MPN/100 mL 或 CFU/100 mL	不得检出
菌落总数	CFU/ mL	100
贾第鞭毛虫	个/10 L	1
隐孢子虫	个/10 L	1

现行生活饮用水水质检验执行标准 GB/T 5750. 12—2006 规定了微生物指标的定义以及生活饮用水及其水源水中菌落总数、总大肠菌群等的检验方法。

菌落总数（standard plate-count bacteria）：是指水样在营养琼脂（即肉汤琼脂）上有氧条件下 37 ℃培养 48 h 后所得的 1 mL 水样所含菌落的总数。生活饮用水及其水源水用平板计数法测定菌落总数，计算平板上形成的菌落数目（CFU/ mL），反映检样中活菌的数量。

总大肠菌群：是指一群在 37 ℃、培养 24 h 能发酵乳糖、产酸产气、需氧和兼性厌氧的革兰氏阴性无芽孢杆菌。主要由肠杆菌科埃希氏杆菌属、柠檬酸杆菌属、克雷伯氏菌属和肠杆菌属四个属的细菌组成。

生活饮用水及其水源水的总大肠菌群的标准检验方法，有多管发酵法、滤膜法和酶底物法。多管发酵法，是将一定量的样品接种到乳糖发酵管，根据发酵反应的结果确定总大肠菌群的阳性管数后在 MPN 检数表中查出总大肠菌群的近似数值的方法。滤膜法是用孔径为 0. 45 μm 的微孔滤膜过滤水样，把滤膜贴在添加乳糖的选择培养基上于 37 ℃培养 24 h，检测形成特征性菌落的需氧和兼性厌氧的革兰氏阴性无芽孢杆菌的乳糖发酵特性来检测水中总大肠菌群的方法。酶底物法，是通过检测选择性培养基上能产生 β-半乳糖苷酶的细菌群组分解色原底物释放出色原体使培养基呈现颜色的变化，来检测水中总大肠菌群的方法。多管发酵法适用于各种水样，但操作烦琐，需要时间较长。滤膜法操作简单、快速，但不适用于杂质较多、易于阻塞滤孔的水样。酶底物法是较为先进的检验方法，方便快捷，假阳性低，适用于大量样品快速检测。

本实验学习用平板计数法测定水中菌落总数、多管发酵法测定水中总大肠菌群的方法。

三、实验器材与试剂

1. 实验仪器

恒温培养箱、超净工作台。

2. 实验材料

自采水样。

3. 培养基

(1) 牛肉膏蛋白胨琼脂培养基，即肉汤琼脂培养基。

(2) 乳糖蛋白胨培养液：牛肉膏 3 g，蛋白胨 10 g，NaCl 5 g，乳糖 5 g，蒸馏水 1000 mL，pH7.2~74，1.6%溴甲酚紫乙醇液（指示剂）1 mL。将牛肉膏、蛋白胨、乳糖、氯化钠各成分溶解于蒸馏水中，pH 调节完成后加入指示剂，充分混匀，分装试管，每管倒放杜氏小管，115 ℃高压灭菌 20 min 备用。

(3) 三倍浓缩乳糖蛋白胨培养液：将单倍乳糖蛋白胨培养液中除蒸馏水以外的其他各成分均扩大为 3 倍用量后加入蒸馏水中，制法同乳糖蛋白胨培养液，分装于放有倒置杜氏小管的试管中，115 ℃高压灭菌 20 min。

(4) 伊红美蓝琼脂培养基：蛋白胨 10 g、乳糖 10 g、$K_2HPO_4$2 g、琼脂 15~20 g、蒸馏水 1000 mL、20 g/L 伊红水溶液 20 mL、5 g/L 美蓝水溶液 13 mL、pH7.2。蛋白胨、NaCl 、乳糖和琼脂溶解于蒸馏水中，校正 pH 后，115 ℃灭菌 20 min 备用。同时伊红水溶液、美蓝水溶液分别灭菌（115 ℃）。临用时溶化琼脂，冷至 50~55 ℃，加入伊红和美蓝溶液（伊红在培养基中终浓度为 0.4‰，美蓝在培养基中终浓度为 0.065‰），摇匀，倾注平皿。

4. 试剂

1 mol/L NaOH、1 mol/L HCl、无菌水、革兰氏染液。

5. 无菌器材

1）水中菌落总数测定

(1) 生活饮用水菌落总数测定：1 mL 移液管 1 个、培养皿 3 个、牛肉膏蛋白胨琼脂培养基 60 mL，121 ℃灭菌 20 min 备用。

(2) 水源水菌落总数测定：1 mL 移液管 8 个、培养皿 7 个、无菌水 4 管（4.5 mL/管）、牛肉膏蛋白胨琼脂培养基 140 mL，121 ℃灭菌 20 min 备用。

2）水中总大肠菌群测定

(1) 初发酵：

生活饮用水测定：三倍浓缩乳糖蛋白胨培养液，分装于 5 支大试管中，10 mL/管，试管中倒置杜氏小管；单倍乳糖蛋白胨培养液，分装于 10 支试管（大试管），10 mL/管，试管中倒置杜氏小管；在 1~3 支试管中，加入 9 mL 蒸馏水（用于稀释）。115 ℃灭菌 20 min 备用。

水源水测定：配制单倍乳糖蛋白胨培养液，分装于 15 支试管（大试管），10 mL/管，试管中倒置杜氏小管。在 1~4 支试管中，加入 9 mL 蒸馏水（用于稀释）。115 ℃灭菌20 min备用。

(2) 平板分离：伊红美蓝琼脂培养基 100~300 mL（伊红、美蓝溶液单独灭菌）；5~15 个培养皿、2 支移液管（取伊红美蓝用）。115 ℃灭菌 20 min 备用。

（3）复发酵：乳糖发酵培养液 5~15 管，10 mL/管，试管内倒置杜氏小管。115 ℃高压灭菌 20 min 备用。

四、实验内容与方法

1. 平板计数法测定水中菌落总数

1）水样的采集

生活饮用水的采集：把水龙头打开，放水 3~5 min 待新水更替后用无菌容器接取水样（勿接满，容器口留出空隙便于检测时混匀取样），立即检验。

水源水的采集：用无菌容器在距水面 10~15 cm 深度处采集水样（勿接满，容器口留出空隙便于检测时混匀取样），2~4 h 内立即检验或存放冰箱于 24 h 之内检测。

2）水样的稀释与接种稀释度的选择

根据对水样污染情况的估计确定不同的稀释度。应用无菌操作法对水样作 10 倍系列倍比稀释。选择适宜的 2~3 个稀释度水样接种，以使平板菌落数在适宜的计数范围之内。

生活饮用水，一般不进行稀释选择原水样接种。

对于水源水：用无菌吸管吸取 1 mL 水样，加入 9 mL 无菌水或无菌生理盐水中，稀释到 10^{-1}，混匀后从其中取出 1 mL 水样加入 9 mL 无菌水或无菌生理盐水中稀释到 10^{-2}，依次类推，可逐步稀释到 10^{-3}或 10^{-4}。注意递增稀释过程中每次均需更换吸管。清洁水源水可稀释到 10^{-1}，选择原水及 10^{-1} 水样接种；轻度污染水可稀释到 10^{-2} 或 10^{-3}，选择原水样、10^{-1}、10^{-2}或 10^{-1}、10^{-2}、10^{-3}接种；严重污染水一般将水样稀释到 10^{-4}，选择 10^{-2}、10^{-3}、10^{-4}三种稀释度进行接种，也可根据污染程度，再加大稀释倍数选择 10^{-3} ~ 10^{-5}三种稀释度接种。

3）接种

生活饮用水：选择原水样接种，即用无菌吸头吸取 1 mL 原水注入无菌培养皿内，做 2 个平行。然后将熔化后冷却至 45 ℃左右的牛肉膏蛋白胨琼脂培养基倒入无菌培养皿，每皿约 15 mL，并趁热转动培养皿使水样与培养基混合均匀。同时做平皿内只加入上述培养基的空白对照 1 个。

水源水：选择 2~3 个适宜稀释度接种，即用无菌吸头吸取 1 mL 不同稀释度的水样注于无菌培养皿内，然后倒入牛肉膏蛋白胨琼脂培养基，趁热旋摇平皿使其混合均匀，做好标记，每个稀释度做 2 个平行，同时另用一副平皿只倾注牛肉膏蛋白胨琼脂培养基作为空白对照。

4）培养、计数

待培养基凝固后，将培养皿倒置于 37 ℃培养箱内培养 48 h 后取出，计算平板上菌落数目，乘以稀释倍数，即得 1 mL 水样中所含的细菌菌落总数，具体计数规则和方法参见表 3-1稀释度的选择及菌落计数报告方式。

2. 多管发酵法检测水中总大肠菌群

1）生活饮用水总大肠菌群的检测

（1）初发酵试验。

在 5 个各装有 10 mL 三倍浓缩乳糖蛋白胨培养液的试管中（内有倒置杜氏小管），以无菌操作法各加入水样 10 mL。

在 5 支各装有 10 mL 单倍乳糖蛋白胨培养液的试管中（内有倒置杜氏小管），以无菌操作法各加入水样 1 mL。

取 1 mL 水样加入 9 mL 无菌水试管中，将水样稀释到 10^{-1}，从其中吸取 1 mL 加入装有 10 mL 单倍乳糖蛋白胨培养液的试管中，重复 5 支试管。

混匀后，于 37 ℃培养 24 h。观察记录乳糖发酵试验结果。培养基颜色由紫色变为黄色指示产酸，倒置杜氏小管中产生气泡指示产气。

对于已经处理过的出厂自来水，需要经常检验或每天进行总大肠菌群检验的，可直接取水样接种在 5 份 10 mL 二倍乳糖蛋白胨培养液中，每份接种 10 mL 水样，其中倒置杜氏小管。混匀后，于 37 ℃培养 24 h。观察记录乳糖发酵试验结果，然后进行后续试验步骤（此种方法相应的 MPN 检索表见表 13-2）。

（2）EMB 平板分离。

初发酵后，从产酸产气及只产酸的发酵管（瓶）中挑取一环菌液，分别划线接种于伊红美蓝琼脂平板（EMB 培养基）上，于 37 ℃培养 24 h。

大肠菌群在 EMB 平板上，因强烈分解乳糖而产生大量的混合酸，使菌体带正电荷（H^+）。伊红是一种酸性染料，在水中离解成带负电荷的阴离子，与菌体所带的正电荷的阳离子结合使菌体被染成红色，再与碱性染料美蓝结合形成紫黑色菌落，从菌落表面的反射光中可看到具有金属光泽。在碱性环境中不分解乳糖产酸的细菌不着色，伊红和美蓝不能结合。

从 EMB 平板上，挑取具有下述典型特征的菌落涂片、革兰氏染色和镜检：菌落呈深紫黑色，具有金属光泽；菌落呈紫黑色，带有或略带有金属光泽；呈淡紫红色，仅中心颜色深的菌落。

革兰氏染色、镜检，确定是否为革兰氏阴性、有芽孢、杆菌。

（3）复发酵验证试验。

将涂片、革兰氏染色和镜检后确定为革兰氏阴性无芽孢杆菌的菌落的剩余部分接种于单倍乳糖蛋白胨培养液发酵管中，为防止遗漏，每管可接种来自同一初发酵管的平板上同类型菌落 1~3 个，于 37 ℃培养 24 h，若结果为产酸又产气，即证实有大肠菌群存在。产酸产气管为总大肠菌群阳性管。

（4）结果报告。

根据证实有大肠菌群存在的发酵试验的阳性管数，查阅相应的 MPN 检索表（表 13-3），报告每 100 mL 水样中的总大肠菌群最可能数（MPN）值。例如，复发酵管中有 3 支原水样接种量为 10 mL 的试管中产酸产气、2 支原水样接种量为 1 mL 的试管中产酸产气、1 支原水样接种量为 0. 1 mL 的试管中产酸产气，则阳性管的组合是 3-2-1，查阅 MPN 检索表显示，每 100 mL 水样中的总大肠菌群最可能数为 17。

2）水源水总大肠菌群的检测

（1）初发酵试验。

① 水样的稀释与接种水量的选择。

根据水样清洁或污染程度，对水样进行适度稀释，选择不同的水量进行接种检测。

清洁水：可不稀释，接种水量共 300 mL，其中 100 mL 水样 2 份、10 mL 水样 10 份（完成后续检验步骤后对应的 MPN 检数表为表 13-4）。

轻度污染水：将水样稀释到 10^{-1}，可按照水样量 10 mL、1 mL、0.1 mL 接种，即接种 10 mL、1 mL 的原水样各 5 份，接种 1 mL 稀释到 10^{-1}的水样 5 份，接种水样量共 55.5 mL，如前所述生活饮用水总大肠菌群的检验方法。

中度污染水：可将水样稀释到 10^{-2}，可按照水样量 1 mL、0.1 mL、0.01 mL 接种，即接种 1 mL 原水样 5 份，接种 1 mL 稀释到 10^{-1}、10^{-2}的水样各 5 份，接种水样量共 5.55 mL。

严重污染水：将水样稀释到 10^{-3}，可按照水样量 0.1 mL、0.01 mL、0.001 mL 接种，即接种 1 mL 稀释到 10^{-1}、10^{-2}、10^{-3}的水样各 5 份。

② 培养基的选择。

用高稀释度水样接种时可全部用单倍乳糖蛋白胨培养液。原水样接种量在 1 mL 以上（不包括 1 mL）时均需要用 2~3 倍浓缩乳糖蛋白胨培养液。

③ 接种与培养。

按照无菌操作法完成接种，在 37 ℃培养 24 h，观察记录乳糖发酵试验结果。培养基颜色由紫色变为黄色指示产酸，倒置杜氏小管中产生气泡指示产气。

（2）EMB 平板分离及复发酵试验。

初发酵试验产酸产气及只产酸的发酵管（瓶），分别进行后续的伊红美蓝琼脂平板分离培养、典型菌落涂片、革兰氏染色和镜检以及复发酵试验，试验步骤同前述生活饮用水总大肠菌群的检验方法。

（3）结果报告。

在检测不同污染程度的水样的总大肠菌群时，由于对水样的稀释倍数不同，选择接种的水样稀释度不同。根据阳性管数从 MPN 检索表中查出每 100 mL 水样中的总大肠菌群最可能数（MPN）值后，与 MPN 检索表中接种水样量相比较，再乘以相应的倍数即可。例如表中接种水样量为 10 mL、1 mL、0.1 mL 各 5 份，接种水样量为 55.5 mL，实际检验接种水样量为 1 mL、0.1 mL、0.01 mL 各 5 份，接种水样量为 5.55 mL，则以查得的 MPN 值乘以 10 即可，以此类推。

五、实验结果与讨论

（1）记录试验结果，检测的自来水中的菌落总数是否符合国家卫生标准?

（2）记录所检测水样的总大肠菌群检验结果，分析讨论结果的置信度及试验中的注意事项。

（3）通过不同水样的微生物学检验，得到的结论是什么?

六、思考题

（1）何为大肠菌群?检测生活饮用水中总大肠菌群有何意义?

（2）为什么大肠菌群可以作为水质检测的指示微生物?

（3）我国生活饮用水国家标准与国际标准中微生物学指标有何异同?

七、总大肠菌群检数表

总大肠菌群检数表如表 13-2～表 13-4 所示。

表 13-2　总大肠菌群检数表 1（接种水样总量 50 mL，其中 5 份 10 mL 水样）

5 份 10 mL 水样阳性管数	0	1	2	3	4	5
最大可能数 MPN/100 mL	<2. 2	2. 2	5. 1	9. 2	16. 0	>16

表 13-3　总大肠菌群检数表 2（接种水量 55. 5 mL，10 mL、1 mL、0. 1 mL 水样各 5 份）

接种水量 10 mL-1 mL-0. 1 mL 对应阳性管组合	最大可能数 MPN/100 mL	接种水量 10 mL-1 mL-0. 1 mL 对应阳性管组合	最大可能数 MPN/100 mL
0-0-0	<2	4-2-1	26
0-0-1	2	4-3-0	27
0-1-0	2	4-3-1	33
0-2-0	4	4-4-0	34
1-0-0	2	5-0-0	23
1-0-1	4	5-0-1	31
1-1-0	4	5-0-2	43
1-1-1	6	5-1-0	33
1-2-0	6	5-1-1	46
2-0-0	5	5-1-2	63
2-0-1	7	5-2-0	49
2-1-0	7	5-2-1	70
2-1-1	9	5-2-2	94
2-2-0	9	5-3-0	79
2-3-0	12	5-3-1	110
3-0-0	8	5-3-2	140
3-0-1	11	5-3-3	180
3-1-0	11	5-4-0	130
3-1-1	14	5-4-1	170
3-2-0	14	5-4-2	220
3-2-1	17	5-4-3	280
3-3-0	17	5-4-4	350
4-0-0	13	5-5-0	240
4-0-1	17	5-5-1	350

续表

接种水量 10 mL-1 mL-0. 1 mL 对应阳性管组合	最大可能数 MPN/100 mL	接种水量 10 mL-1 mL-0. 1 mL 对应阳性管组合	最大可能数 MPN/100 mL
4-1-0	17	5-5-2	540
4-1-1	21	5-5-3	920
4-1-2	26	5-5-4	1600
4-2-0	22	5-5-5	≥2400

表 13-4　总大肠菌群检数表 3

（接种水样总量 300 mL，其中 100 mL 2 份，10 mL 10 份）

10 mL 水量的阳性管数	100 mL 水量的阳性管数		
	0	1	2
	每升水样中总大肠菌群最大可能数（MPN/L）		
0	<3	4	11
1	3	8	18
2	7	13	27
3	11	18	38
4	14	24	52
5	18	30	70
6	22	36	92
7	27	43	120
8	31	51	161
9	36	60	230
10	40	69	>230

实验十四　固定化酵母细胞发酵啤酒及甜酒酿的制作

一、实验目的

（1）了解固定化技术的方法和意义。

（2）了解固定化微生物细胞的原理及其优缺点。

（3）学习酵母细胞包埋法固定化发酵啤酒的实验方法。

（4）学习甜酒酿制作方法。

二、实验原理

1. 固定化技术

固定化技术是用物理或化学方法使酶成为不溶性衍生物或使细胞成为不易从载体上流失的形式制成生物反应器，可回收反复利用以催化生化反应、细胞数量增殖等的技术。固定化技术包括固定化酶技术与固定化细胞技术。早在20世纪10年代，人们就发现了酶的固定化现象，20世纪60年代固定化酶技术迅速发展起来，到70年代，固定化酶技术已在全世界普遍开展。固定化酶技术，是将游离酶封锁在固体材料或限制在一定区域内发挥其催化作用，但酶的催化具有专一性，在实际生产中，很多产品是一系列酶促反应的产物，而细胞本身即是多酶体系，因此，20世纪70年代后，固定化细胞技术从固定化酶技术直接发展而来。微生物、动物、植物的细胞都可以制成固定化细胞。

微生物细胞的固定化即用与固定化酶相同的物理或化学方法将酶活性强的微生物细胞限制于一定的空间区域，使其高度密集并保持生物活性，在适宜条件下能够迅速、大量增殖并可回收及反复利用的技术。

微生物的固定化就是多酶体系的固定化。将微生物群体细胞固定于一定区域，更有利于保持酶的原有活性，甚至提高其活性。由于细胞密度大、反应速度快、耐毒害能力强、流失少、产物容易分离、可回收再生、成本降低、节约能源等优点，固定化微生物技术已得到广泛应用，遍及食品加工、轻化工业、制药工业以及化学分析、环境保护、能源开发等多个领域。例如固定化微生物细胞多酶系统，用于有机废水及重金属污染的废水处理以及大气和土壤的污染治理，如分解苯和酚、还原硝酸盐和亚硝酸盐等；固定化酵母及固定化多菌种细胞发酵体系，为快速进行发酵生产开创了一条新途径；固定化流化床生物反应器进行酒精生产，转化率明显提高；固定化细胞生物反应器在医药上可用于生产L-天冬氨酸、丙酸、抗生素、L-苹果酸、淄体激素、酶制剂、谷胱甘肽、紫杉醇等。

微生物细胞多种多样，形态、特性各不相同，对某种特定的微生物细胞必须选择合适的固定化方法和条件。固定化细胞的方法有吸附法、共价法、交联法、包埋法，其中包埋法是细胞固定化最常用的方法。

吸附法：依据带电的细胞与载体之间的静电作用，使细胞吸附于惰性固体的表面或离子交换剂上。根据吸附剂的特点可分为物理吸附法和离子结合法两种。物理吸附剂（依靠氢键、疏水键等结合）主要有硅藻土、多孔陶瓷、多孔玻璃、多孔塑料、硅胶、金属丝网及有机吸附剂中空纤维等，条件温和、方法简便、载体可再生，但操作稳定性差；离子结合法是借助于离子键的作用力使细胞吸附于离子交换剂等载体上，常见的载体有DEAE-纤维素、DEAE-葡聚糖凝胶、CM-纤维素等。例如酵母细胞带有负电荷，在pH3～5的条件下能够吸附在多孔陶瓷、多孔塑料等载体的表面，制成固定化细胞，用于酒精和啤酒等的发酵生产；环境保护领域使用的活性污泥中含有的各种各样的微生物可以沉积吸附在硅藻土、多孔玻璃、多孔陶瓷、多孔塑料等载体表面，用于有机废水处理，降低废水中的化学需氧量（COD）和生化需氧量（BOD）；各种霉菌长出的菌丝体可以吸附缠绕在多孔塑料、金属丝网等载体上用于生产有机酸和酶等。

共价法：利用细胞表面的反应基团（如氨基、羧基、羟基、巯基、咪唑基）与活化的无机或有机载体反应，形成共价键将细胞固定。用该法制备的固定化细胞一般为死细胞。操作稳定性高，但由于试剂的毒性，易引起细胞的破坏。

交联法：利用双功能或多功能试剂与细胞表面的反应基团（如氨基、羧基、羟基、巯基）反应，从而使菌体交联形成固定化细胞的方法。交联法与共价（偶联）法均利用的是共价键，但交联法不使用载体，常用的交联剂包括戊二醛、甲苯二异氰酸酯、双重氮联苯胺等。由于交联试剂的毒性，这一方法具有一定的局限性。可得到高细胞浓度，但力学强度低、无法再生，不适于实际应用。

包埋法：即将细胞包埋在多孔载体内部而制成固定化细胞的方法。包埋法可分为凝胶包埋法和半透膜包埋法。半透膜包埋法利用半透性聚合物薄膜将细胞包裹起来，形成微型胶囊，又称为微胶囊法；凝胶包埋法是在无菌条件下，将生物细胞和凝胶溶液混合在一起，然后再经过相应的造粒处理，将细胞固定于胶粒的方法。

凝胶包埋法是最常用的包埋法固定化细胞的方法。常用的包埋剂有琼脂、海藻酸盐、明胶、卡拉胶、聚丙烯酰胺、二醋酸纤维、三醋酸纤维等，细胞和载体之间没有束缚，细胞仍能保持较高活力，载体聚合物的网状结构可以阻止细胞的泄漏，但底物可以渗入，产物可以散出。所以这类方法只适用于小分子底物。

海藻酸盐凝胶的性质与引入的二价阳离子有关，二价阳离子对海藻酸盐凝胶的力学强度有较大影响，海藻酸与元素周期表中第二族二价金属阳离子形成的凝胶强度顺序为：Ba^{2+}>Sr^{2+}>Ca^{2+}>Mg^{2+}。

海藻酸钙是海藻酸盐包埋剂中的一种，通常制成球形使用，也是研究和使用最多的凝胶固定化包埋剂。海藻酸钙微生物细胞固定化具有固化、成形方便，对微生物毒性小，微生物细胞密度大，安全快速，制备简便，反应条件温和，成本低廉等优点，适用于大多数微生物细胞的固定化。但高浓度的K^{+}、Mg^{2+}、磷酸盐及其他单价金属离子存在时，海藻酸钙凝胶的结构会受到破坏。由于其网格结构尺寸较大，可能会导致酶分子的泄漏，因此海藻酸钙对于大多数酶的固定化并不适合。

海藻酸钙包埋法固定化酵母细胞，是在无菌条件下，将酵母细胞和海藻酸钠溶液混合在一起，经过造粒处理，即利用海藻酸钠与氯化钙发生反应，形成不溶于水的海藻酸钙多维网格交联结构的胶粒（如图 14-1、图 14-2 所示），将酵母细胞均匀包埋其中，而使酵母细胞得到固定化。细胞和载体不发生任何结合反应，同时有载体作为屏障，可避免外界不利因素的影响，从而使细胞处于最佳生理状态，迅速增殖，集积在凝胶表面形成浓厚菌体层。用于啤酒发酵，高密度的菌体迅速与基质接触，可缩短周期，提高啤酒产量，并能反复使用，容易与发酵液分离，后处理工艺简化，降低成本。

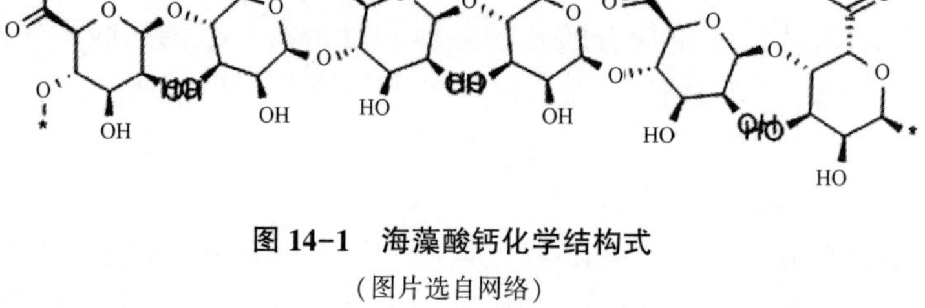

图 14-1　海藻酸钙化学结构式

（图片选自网络）

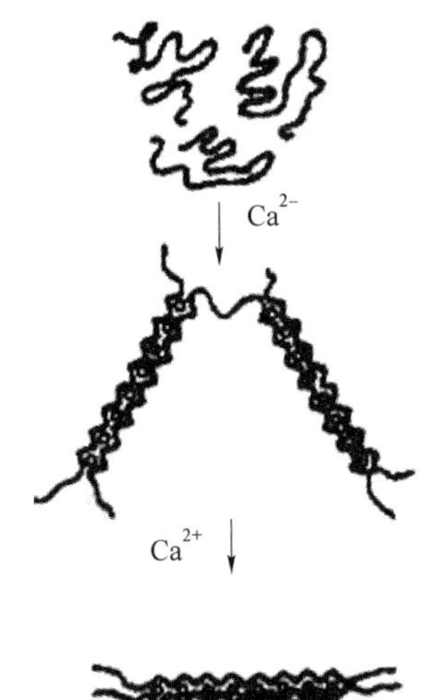

图 14–2　海藻酸钙网络结构形成示意图

（图片选自网络）

2. 甜酒酿的制作

甜酒酿在我国各地有不同称呼，又叫醪糟、甜米酒、酒酿儿、米酒、甜酒、糯米酒、江米酒等，是用蒸熟的糯米拌上酒曲经过发酵制成的一种风味食品，因酒精浓度低、香甜可口、营养丰富而深受人们喜爱并广泛流传。甜酒酿含有多种维生素、氨基酸、糖类、有机酸、蛋白质、无机盐等成分，适量食用有助于提高免疫力，促进新陈代谢，并有补血养颜、舒筋活血、健身强心等功效。甜酒酿制作过程中，甜酒曲是主要的发酵制剂。甜酒曲是糖化菌及酵母制剂，主要为根霉、毛霉及少量酵母。根霉、毛霉为好氧微生物，发酵初期，根霉或毛霉在有氧条件下进行有氧呼吸代谢生长，可将糯米中的淀粉水解为单糖或双糖，酵母则利用此淀粉水解物进行有氧呼吸不断生长和繁殖。当氧气被根霉、毛霉消耗完之后，酵母进行厌氧发酵，将糖转化成乙醇。因此，甜酒酿是糖化菌和酵母共同作用下发酵而成的产品。

三、实验器材与试剂

1. 实验仪器

恒温培养箱、高压蒸汽灭菌锅、电子天平。

2. 微生物材料

啤酒酵母、甜酒曲。

3. 发酵培养基

150 mL 麦芽汁（或 8%麦芽粉）/三角瓶（250 mL）。

4. 试剂

2%～5%海藻酸钠、1. 5%氯化钙、无菌水、0. 9%生理盐水。

5. 其他用具

接种环、移液管、离心管、无菌滴管、封口膜、三角瓶、玻璃棒；电饭煲、碗筷、糯米、勺子、酒曲。

四、实验内容与方法

1. 固定化酵母发酵啤酒

1）酵母的活化

称取干酵母 2 g，放入装有 20 mL 无菌水的无菌锥形瓶中，用无菌玻璃棒搅拌均匀，成糊状，盖上封口膜，放置 1 h 左右，使酵母活化。

2）海藻酸钠溶液的制备

制备原则：将海藻酸钠溶液与微生物细胞溶液混合均匀，使海藻酸钠的终浓度为 2%～5%。

制备方法：一个锥形瓶中加入 1～2.5 g 海藻酸钠，将量好的 40 mL 蒸馏水中的少量水加入瓶中，通过水浴加热调成糊状，再将剩余蒸馏水全部加入混匀。0.1 MPa 灭菌 20 min 备用。

3）酵母细胞的固定化

混合：在 40 mL 无菌海藻酸钠溶液冷却到 45 ℃左右时，用无菌吸管加入 10 mL 预热至 35 ℃的酵母悬液，混合均匀。

造粒：用无菌滴管以缓慢而稳定的速度滴入 1.5%氯化钙溶液中，边滴边搅动，制得直径为 3 mm 左右的凝胶珠。凝胶珠钙化 30 min，即可使用。

洗涤：在无菌玻棒帮助下倒掉氯化钙溶液，把制得的固定化酵母凝胶珠用生理盐水洗涤 3 次，倒掉生理盐水。

4）转移发酵

将制得的固定化酵母凝胶珠转移到 2～3 瓶 150 mL 发酵培养基中，用封口膜封好瓶口，于 28 ℃静置发酵一周。

5）反复利用

发酵后的固定化酵母用生理盐水洗一次，就可以再次接入新的发酵培养基，进行第二次发酵。

2. 甜酒酿的制作

1）制作方法

（1）将电饭煲和碗筷清洗干净，最好用开水冲淋一遍，使其无生水及油物。

（2）将糯米洗净，浸泡 8～14 h，以手捻米粒成粉状无硬芯为度，便于蒸煮糊化。

（3）将浸泡好的糯米放入电饭煲中，加入清水，水量少于平时做白饭的分量，即加水至半个手指高度，稍微高出糯米水平面 1 cm 左右即可，使煮熟的糯米干爽、粒粒分明为宜。

（4）煮熟的糯米用干净无油的筷子拨散，降温至 30～35 ℃。

（5）同时，晾少量白开水，待水温基本接近体温时，取适量酒曲（按照说明书标注的分量），于水中混合均匀（注意：用少量的凉开水把酒曲冲散，水不需要放太多，足够将酒曲冲散即可，水温不可过高或过低）。

（6）将混合酒曲的温水慢慢淋入糯米饭中，同时用筷子拌匀。

（7）将拌好的糯米用勺子抹平，用勺在中间掏个小洞，将碗中最后一点酒曲再调少许温开水拌匀，填入小窝中（目的：水慢慢向外渗，可均匀溶解拌在米中的酒曲，有利于均匀发酵）。

(8) 加盖静置发酵，温度一般保持在 30~35 ℃，24~48 h 后，糯米膨起、口感酥烂，出现大量糖液即发酵完成。

2) 注意事项

(1) 做酒酿的关键是干净，一切东西都不能沾生水和油，不洁的环境会促进杂菌生长。要先把蒸米饭的容器、米饭铲子、勺子和发酵米酒的容器都洗净擦干，手洗净擦干。

(2) 糯米浸泡到可以用手捻成粉状没有硬芯为宜。

(3) 拌酒曲一定要在糯米凉透至 30 ℃以后。否则，热糯米会把酒曲杀死。

(4) 酒曲的量要合适，拌酒曲时，酒水不能过多，如果水酒太多，最后糯米空心、不成块，一煮就散。

(5) 发酵温度不能太低，否则酒曲不活跃，杂菌就会繁殖，以 30 ℃左右为宜。

(6) 一定要密闭好，否则味道又酸又涩。

(7) 发酵中途（12 h、24 h）可以打开盖子查看 1~2 次，如果没有酒香味、米饭没有结块的趋势，说明温度偏低，应放置于合适温度下，避免因温度不足不能继续发酵。

(8) 完成发酵的糯米酥、有汁液、气味芳香、味道甜美，酒味适宜。发酵 24~48 h 后，将容器盖打开，有浓郁的酒香就可终止发酵。加满凉开水、加盖，放入冰箱终止发酵或直接入锅煮熟停止发酵。

(9) 如果发酵过度，糯米变空，酒味过于浓烈；如果发酵不足，糯米夹生，甜味不足，酒味不足。

五、实验结果与讨论

(1) 实验中通过固定化酵母细胞发酵制作的啤酒风味如何？

(2) 实验验中制作的甜酒酿风味如何？结合实验结果说明甜酒酿制作的关键环节？

六、思考题

(1) 谈谈固定化细胞技术的意义。

(2) 试述固定化酵母细胞技术用于啤酒生产的工艺特点及改进方案。

实验十五　泡菜发酵及亚硝酸盐的检测

一、实验目的

(1) 掌握乳酸发酵制作泡菜的基本原理。

(2) 了解传统发酵制作泡菜的操作方法。

(3) 掌握分光光度法检测亚硝酸盐的原理及实验方法。

二、实验原理

乳酸发酵指微生物利用葡萄糖或其他可发酵的糖经过无氧酵解生成乳酸的发酵过程。乳酸发酵是严格的厌氧发酵，可用于奶酪、酸奶、食用泡菜等发酵生产中。乳酸发酵包括同型乳酸发酵和异型乳酸发酵两种类型。发酵过程中仅从糖类制造乳酸的，称为同型乳酸发酵。

除了生成乳酸以外，还产生乙醇、乙酸和二氧化碳等副产物，则称为异型乳酸发酵。

泡菜的传统发酵过程是利用原料表面或自然环境中的酵母菌、大肠杆菌等进行异型乳酸发酵和微弱的酒精发酵，产生乳酸、乙醇、二氧化碳等，使密闭空间内乳酸积累，酸度增加，逐渐形成厌氧环境，抑制腐败细菌生长的同时，使耐氧性厌氧微生物（主要是乳酸链球菌和乳酸杆菌）活跃的同型乳酸发酵，使乳酸含量积累达到0.6%~0.8%，生成成熟的酸而清香的泡菜的过程。

许多蔬菜中存在大量的含氮物质，特别是硝酸盐含量比较高。传统泡菜的发酵过程中，硝酸盐在厌氧条件下可被自然存在的硝酸盐还原菌还原为亚硝酸。亚硝酸是一种潜在的致突变剂，通过氧化脱氨作用，能使腺嘌呤转化为次黄嘌呤，使胞嘧啶转化为尿嘧啶，使碱基对发生置换，因此亚硝酸的含量是泡菜发酵的一个重要控制指标。

在泡菜发酵初期，随着微生物生长繁殖逐渐消耗掉发酵液中的溶解氧，具有硝酸盐还原酶的有害微生物如大肠杆菌、摩根氏变形菌等转化硝酸盐为亚硝酸盐。乳酸菌在发酵过程中产生亚硝酸盐还原酶可将亚硝酸盐降解为无毒的 NH_4^+，或者可能通过促进其他微生物的反硝化作用间接去除亚硝酸盐，但总体来说，亚硝酸盐的含量逐步上升，所以发酵初期的泡菜是不适合食用的。随着微生物代谢活动的持续，蔬菜中的硝酸盐含量逐渐减少，亚硝酸还原菌或脱氮菌更加活跃，主要代谢产物及中间产物乳酸、乙酸等有机酸积累，pH 降低使亚硝酸盐在酸性条件下分解，再加上蔬菜中其他一些物质的还原作用，发酵中后期亚硝酸盐稳定在相对较低的水平，是最佳的泡菜食用阶段。

生成的亚硝酸盐可用比色法测定。经典的重氮偶合比色法（格里斯试剂比色法）是目前国际上检测亚硝酸盐的标准方法，此法采用的试剂种类多且有毒性，检测条件易受外界因素影响，但由于检测操作简便、结果表达直观、成本低、易于实施，因此仍占据主导地位。

样品经沉淀蛋白质、除去脂肪后，在盐酸酸化条件下亚硝酸盐与对氨基苯磺酸发生重氮化反应后，产物重氮盐再与盐酸萘乙二胺偶合形成紫红色染料，其在538 nm处有特征吸收，可用标准曲线法进行比较定量。

三、实验器材与试剂

1. 实验仪器

恒温培养箱、分光光度计。

2. 实验材料

萝卜、胡萝卜、芹菜、豇豆、辣椒、花椒等。

3. 实验试剂

（1）亚硝酸钠标准溶液：200 μg/ mL，临用前，用双蒸水稀释，配制浓度为5 μg/ mL。

（2）4 g/L 对氨基苯磺酸溶液：称取对氨基苯磺酸0.4 g，溶于100 mL 用双蒸水配制的20%的盐酸中，避光保存。

（3）1 g/L 的盐酸萘乙二胺溶液：称取盐酸萘乙二胺0.1 g，溶于100 mL 双蒸水中，避光保存。

4. 其他用具

天平、量筒、滤纸、烧杯、试管、移液管、泡菜坛等。

四、实验内容与方法

1. 泡菜的制作

（1）容器清洗：泡菜坛清洗干净、洁净无油、晾干。

（2）7%盐水的配制：将自来水煮沸后冷却或使用直饮水，加入称量好的食盐溶解备用。

（3）装坛：将蔬菜洗净晾干，切成大小相近的形状，放入洁净的泡菜坛内，按照风味需求，添加各种洗净晾干的香辛料、辣椒等调味品。加入配制好的盐水淹没蔬菜，约占容器容积的 2/3，盖好盖子，采用水封法将泡菜坛口密封，放于 30 ℃恒温箱中发酵。

（4）7 d 后检查发酵结果，观察颜色、质地、风味的变化，注意夹取泡菜的用具须洁净无油以免污染。

2. 亚硝酸盐含量的检测

（1）标准曲线的制作：按照表 15-1 进行亚硝酸盐检测标准曲线的制作，以 1 号管作为空白对照调零，测定 538 nm 处的吸光度，以吸光度为纵坐标、亚硝酸钠标准溶液浓度为横坐标，绘制标准曲线。

表 15-1　亚硝酸盐检测标准曲线的制作

试管编号	1	2	3	4	5	6	操作要点
亚硝酸钠 标准溶液浓度/$\mu g \cdot mL^{-1}$	0	0. 25	0. 5	0. 75	1. 0	1. 25	
5 $\mu g \cdot mL^{-1}$ 亚硝酸钠溶液/mL	0	0. 1	0. 2	0. 3	0. 4	0. 5	
双蒸水/mL	2	1. 9	1. 8	1. 7	1. 6	1. 5	
对氨基苯磺酸/mL	2	2	2	2	2	2	混匀后静置 3~5 min
盐酸萘乙二胺/mL	1	1	1	1	1	1	混匀后室温反应 15 min
A_{538}							

（2）在发酵过程中，可选择隔天测定发酵液中亚硝酸盐的含量。

取泡菜发酵液 10 mL，用普通滤纸过滤。然后按表 15-2 检测泡菜中亚硝酸盐在 538 nm 处的吸光度，根据标准曲线计算泡菜中亚硝酸盐的含量。

表 15-2　泡菜中亚硝酸盐含量的测定

试管编号	1 d		3 d		5 d		7 d		9 d		11 d		操作要点
发酵液/mL	0. 2	2	0. 2	2	0. 2	2	0. 2	2	0. 2	2	0. 2	2	普通滤纸过滤
双蒸水/mL	1. 8	0	1. 8	0	1. 8	0	1. 8	0	1. 8	0	1. 8	0	用双蒸水补足到 2 mL
对氨基苯磺酸/mL	2		2		2		2		2		2		混匀后静置 3~5 min
盐酸萘乙二胺/mL	1		1		1		1		1		1		混匀后室温反应 15 min
A_{538}													以表 15-1 中 1 号管作为对照调零，测定吸光度

五、实验结果与讨论

(1) 制作的泡菜风味如何?

(2) 制作发酵过程中亚硝酸盐的变化曲线，分析讨论亚硝酸盐生成与降解的趋势与原理，说明食用泡菜的注意事项。

实验十六　干红葡萄酒的制作

一、实验目的

(1) 掌握干红葡萄酒酿造的基本原理。

(2) 掌握干红葡萄酒的基本生产工艺。

(3) 掌握干红葡萄酒酿造中质量控制的方法。

二、实验原理

按照我国现行葡萄酒标准 GB/T 15037—2006 规定，葡萄酒是以鲜葡萄或葡萄汁为原料，经全部或部分发酵酿制而成的、含有一定酒精度的发酵酒。

根据颜色的不同，葡萄酒分为红葡萄酒、白葡萄酒、桃红葡萄酒。白葡萄酒是用澄清葡萄汁发酵的，近似无色，微黄带绿，或浅黄色、禾秆黄色、金黄色。红葡萄酒是用皮渣与葡萄汁混合发酵而成的，颜色为深红、紫红、宝石红、红微带棕色或棕红色等，发酵过程中的混合发酵与皮渣浸渍工艺是造成颜色、气味、口感等明显区别于白葡萄酒的主要因素。桃红葡萄酒是用红葡萄或红白葡萄混合、带皮或不带皮发酵制成的桃红、浅红或浅玫瑰红色的葡萄酒。

根据酒中二氧化碳含量的不同，葡萄酒可分为平静葡萄酒、起泡葡萄酒。在 20 ℃时，二氧化碳压力<0. 05 MPa 的葡萄酒为平静葡萄酒；在 20 ℃时，二氧化碳压力≥0. 05 MPa 的葡萄酒为起泡葡萄酒。

根据酒中含糖量的不同，葡萄酒可分为干型、半干型、半甜型、甜型。干型葡萄酒：含糖量（以葡萄糖计）≤4 g/L，或当总糖与总酸（以酒石酸计）差值≤2 g/L、含糖量最高为 9 g/L 的葡萄酒，品尝不出甜味，具有洁净、幽雅、和谐的果香和酒香；半干葡萄酒：含糖量在 4~12 g/L，或总糖与总酸（以酒石酸计）差值≤2 g/L、含糖量最高为 18 g/L 的葡萄酒，微具甜感，洁净、幽雅、味觉圆润，具有和谐愉悦的果香和酒香；半甜葡萄酒：含糖量在 12~45 g/L，具有甘甜、爽顺、舒愉的果香和酒香；甜葡萄酒：含糖量>45 g/L，口味甘甜、醇厚、舒适、爽顺，具有和谐的果香和酒香。

在葡萄酒的酿造过程中，不同类型的葡萄酒其工艺流程有所差异，但存在一些共同的环节，包括原料的机械处理（除梗、破碎、压榨）、二氧化硫处理、酵母的添加、酒精发酵管理控制、后处理等。红葡萄酒的酿造中，果汁对果皮、种子、果梗的浸渍作用使得色素、有机酸、维生素、微量元素、单宁及其他多酚类化合物等物质被浸渍出来进入酒体，这些源于葡萄固体部分的化学成分使红葡萄酒具有区别于白葡萄酒的颜色、单宁和香气。

经自然发酵酿造出来的红葡萄酒成分相当复杂，除了 80%以上的葡萄果汁外，葡萄中含有的糖分经自然发酵形成的酒精一般在10%~13%，其余的物质超过1000种，比较重要的有300多种，其中重要的成分，如有机酸、固形物、其他挥发性物质及矿物质等，是酒质优劣的决定性因素。品质优良的红葡萄酒，能呈现一种组织与结构上的平衡，给人以味觉上的无穷享受。

三、实验器材与试剂

1. 实验材料

红葡萄、白砂糖、酿酒酵母、偏重亚硫酸钾等。

2. 仪器用具

发酵罐、过滤器、糖度计、酸度计、温度计、木桶等。

四、实验内容与方法

1. 原料分选

选择颜色深红、成熟度高的新鲜葡萄，去除病烂果粒、生青果粒，用清水冲洗果实表面污物。

2. 除梗破碎

可用除梗机、破碎机进行除梗破碎，量小可人工除梗破碎。根据酿造品质和要求，可以部分除梗（10%~30%），也可全部除梗，减少或控制果梗中具有草味、苦涩味的物质进入酒体。破碎是将葡萄浆果压破，以利于果汁流出。破碎过程中，应尽量避免撕碎果皮、压破种子和碾碎果梗。在除梗破碎过程中添加部分二氧化硫（SO_2），以防止微生物污染或利于工艺操作。

3. 装罐

将发酵原料装入发酵罐，装罐同时加入SO_2，预留1/4容积，以防由于二氧化碳等气体的产生致使发酵基质体积的膨胀。

4. 添加SO_2

SO_2是一种杀菌剂，纯水中50 mg/L SO_2可杀死酵母菌，在葡萄发酵基质中，SO_2含量达到1.2~1.5 g/L可取得同样的杀菌效果。在发酵基质中或葡萄酒中加入SO_2利于发酵的顺利进行及后期葡萄酒的贮藏。最常用的SO_2添加剂是偏重亚硫酸钾（$K_2S_2O_5$），其理论SO_2含量为57%，但在实际应用中，其计算用量为50%（即1 kg $K_2S_2O_5$含有0.5 kg SO_2）。使用时，先将$K_2S_2O_5$用水溶解，获得12%的溶液，其SO_2含量为6%。原料无破损及霉变、成熟度中等、含酸量高的基质中添加SO_2浓度为30~50 mg/L，含酸量低的基质中添加SO_2浓度为50~100 mg/L。

5. 添加蔗糖

一般而言，酿酒葡萄的出汁率约为果实的75%（其余为皮渣、果籽）、出酒率约为葡萄汁的90%（其余为沉淀物）。1~1.3 kg葡萄压榨出的果汁量能酿出一瓶容量为750 mL的葡萄酒。每100 mL葡萄汁利用葡萄皮上附有的野生酵母发酵酿酒，1 g糖分可产生0.56度酒。

国标中规定：葡萄酒的酒度应≥7.0%（20 ℃时体积分数）。红葡萄酒，一般果汁中18 g/L糖可以发酵成1%（体积分数）酒度。酿制优质红葡萄酒的葡萄含糖量不能低于180 g/L，酿造一般的红葡萄酒的葡萄含糖量不能低于160 g/L。葡萄原料本身所含有的糖分不能达到酿酒要求的酒度，必须另外添加糖分。所加的糖必须是蔗糖，一般用98%~99.5%的白砂糖。从理论推算，按照果汁中18 g/L糖发酵成1%酒度，带皮发酵的红葡萄酒可按照18 g/L添加蔗糖，即酿成1度酒需要添加白糖1.8 g。酿制酒度为12度的葡萄酒，若葡萄汁的含糖量为20%，出酒度则为20×0.56=11.2，则加糖量为（12−11.2）×1.8=1.44 g（100 mL葡萄汁）。如果为1 kg葡萄汁（即1000 mL），则加糖量为14.4 g。

根据酿酒时所用葡萄汁中糖分的含量和生产要求的酒度确定蔗糖的添加量，但为增大酒精度添加的蔗糖量不得超过产生2%（体积分数）酒精的量。将需要添加的白砂糖在部分葡萄汁中溶解，然后加入发酵罐中，加糖之后封闭式倒灌，使糖分与发酵汁混合均匀。

6. 加入酿酒酵母

对葡萄发酵基质适量（低于杀菌浓度）的SO_2处理，酒精发酵会自然发生，通过添加活性酵母，则可使酒精发酵提早触发。在加入SO_2及蔗糖3~4 h后利用倒灌的机会加入酿酒酵母。活性干酵母是添加酿酒酵母的最广泛应用。复水活化的做法是在35~42 ℃的温水或5%~10%的糖水溶液中加入10%的活性干酵母，混匀，间歇性轻轻搅拌，放置30 min后，可直接添加到加有SO_2的葡萄汁中进行发酵。例如，2 g活性干酵母可加到10倍的混合温水葡萄汁液体（30~35 ℃的14 mL温水加6 mL葡萄汁混合）中，放置30 min后加到10 L左右葡萄汁中进行酒精发酵。

7. 发酵过程的监测控制

（1）压帽：红葡萄酒发酵过程中，产生的二氧化碳气体推动葡萄皮渣（含葡萄皮、葡萄籽和果梗）慢慢地浮到容器上面，形成厚厚的帽子——酒帽。为了让酒液与悬浮的果皮充分接触，更好地进行优质成分的浸出，常借助一些压帽工具将酒帽压到容器底部。

（2）温度的管理：酒精发酵为放热反应，体积较小的发酵容器，升温的平均速度为，每生成1°酒精，温度升高1.3 ℃左右。红葡萄酒发酵温度必须控制在25~30 ℃，防止温度过高引起发酵中止。

（3）倒灌：发酵过程中进行3~4次倒灌即可。第一次封闭式倒灌在加入SO_2及蔗糖3~4 h后进行，使基质充分混合，第二次开放式倒灌在加入酿酒酵母之后，第三次倒灌在发酵触发之后进行开放式倒灌。另外，根据发酵的进展，可进行第四次开放式倒灌，以加速发酵。

（4）浸渍发酵：破碎后的葡萄与葡萄汁一起浸渍发酵，以便从葡萄皮里面萃取到所需的色素、单宁和风味物质，此过程通常根据酿酒者预定的酒品风格而定，例如：风格清淡的葡萄酒通常浸渍5天，顶级的波尔多红葡萄酒浸渍时间会持续两周甚至更长。

（5）主发酵与出罐：主发酵时间（酒精发酵）根据葡萄含糖量、发酵温度、酵母接种量不同而异。一般主发酵时间为5~7天。当只有少量二氧化碳气体逸出、酒帽下沉、液面趋于平静且有明显酒香时表明主发酵基本结束，在含糖量≤2 g/L或相对密度<1时即可进行出罐（优质葡萄酒生产、发酵季节温度较低），完成自流酒（原酒）的分离及发酵罐的除渣。

（6）后发酵（苹果酸-乳酸发酵）：

主发酵得到的酒称之为“葡萄原酒”，原酒中口味比较尖酸的苹果酸含量较高，必须通过后发酵——“苹果酸-乳酸发酵”将苹果酸转化为酸度柔和的乳酸和二氧化碳。经过后发酵后尖酸降低，果香醇香加浓，口感更加柔和。

自流酒分离导入洁净的发酵罐中，温度保持在20~25 ℃，经过30天左右，即可完成自然的苹果酸-乳酸发酵，或者通过添加乳酸菌完成苹果酸-乳酸发酵。

（7）除菌过滤：适当的SO_2处理（50 mg/L）终止后发酵，进行除菌过滤除去所有微生物。7~14 天后再进行 1 次分离转罐。

8. 澄清和稳定

红葡萄酒的澄清与稳定分为自然澄清和人工澄清。人工澄清包括转罐、下胶、过滤、离心等方法。下胶是在葡萄酒中加入亲水胶体，使其与葡萄酒中的胶体物质丹宁、蛋白质、某些色素、果胶质等发生絮凝反应，使葡萄酒澄清稳定。常用的下胶材料有膨润土、明胶、鱼胶、酪蛋白等。下胶前必须进行预实验，下胶过程中应使下胶物质与葡萄酒混合均匀，下胶过程除去胶体粒子，保证葡萄酒的澄清稳定，不需贵重设备，但处理速度慢，受外界条件限制，会降低葡萄酒的色度和单宁含量。过滤和离心澄清速度快、效果好，不受外界条件的限制，可在任何时候进行，但需要贵重仪器设备，易使葡萄酒氧化，出现过氧化味。

9. 陈酿

发酵结束后得到的葡萄酒，口感比较酸涩、生硬，经橡木桶贮藏成熟后才会变得柔和、舒顺，香气更为丰富。橡木桶中的葡萄酒存放于相对湿度 70%左右的地下酒窖中，成熟时间一般为 6~36 个月。贮藏与成熟过程中，葡萄酒中部分酒精和水分会透过橡木桶气孔逃逸至空气中，酒液体积减小，氧气会进入桶中。为防止酒液被过度氧化，需要添加同等质量的葡萄酒至满桶且始终保持“满桶”状态，此为“添桶”。一般新酒入桶首月添桶 1 次/3 天，次月 1 次/7 天，以后 1 次/月，1 年以上可添桶 1 次/半年。

10. 成品

装瓶之前进行化验检查，过滤后装瓶、压盖。

五、实验结果与讨论

（1）根据实验结果分析总结酿造优质红葡萄酒应考虑的工艺因素。

（2）分析红葡萄酒酿造中添加二氧化硫的作用。

实验十七　碱性蛋白酶产生菌的分离筛选

一、实验目的

（1）了解微生物菌种资源开发的重要性以及开发利用现状。

（2）掌握筛选产碱性蛋白酶菌株的实验原理。

（3）学习从自然界筛选碱性蛋白酶菌株的方法。

二、实验原理

微生物菌种资源是可培养的有一定科学意义及实用价值的微生物菌种及其相关信息，是战略性生物资源之一，是进行理论研究、技术开发的重要物质基础，也是支撑微生物学科技进步与创新及产业持续发展的重要条件，其与人们食品、健康、生存环境及国家安全密切相关。有史以来微生物资源的开发利用已经产生了无与类比的经济影响和社会影响。从自然界筛选获取有用的微生物资源一直是微生物学工作者的一项重要任务，也是一项基本专业技能。菌种资源的筛选目的不同，采取的筛选方法也各不相同。

碱性蛋白酶是一类最适宜作用 pH 为碱性范围的蛋白酶。自从 1945 年瑞士 Dr. Jaag 发现了碱性蛋白酶产生菌地衣芽孢杆菌、开启了利用碱性蛋白酶的历史以来，碱性蛋白酶的开发利用得以飞速发展。微生物来源的碱性蛋白酶都是胞外酶，具有产酶量高、适合大规模工业生产等优点，因此在轻工、食品、医药等工业中得到非常广泛的应用，被认为是最重要的一类应用性酶类。

在长期的研究和应用实践中，人们已经总结出了较为完善的碱性蛋白酶的分离筛选方法。土壤是微生物的“天然培养基”，是最丰富的菌种资源库，从中可以分离获得许多有价值的菌株。本实验学习以肥沃的土壤为原始材料，通过碱性蛋白酶产生菌株的初步分离与纯化、摇瓶发酵与蛋白酶活性检测、革兰氏染色与芽孢染色鉴定等过程从自然界筛选高产碱性蛋白酶菌株的基本方法。

碱性蛋白酶产生菌的初筛：应用选择培养基平板——pH 为碱性的牛奶平板接种微生物材料，产生胞外碱性蛋白酶的菌株在牛奶平板上生长后，其菌落周围可形成明显的蛋白水解圈。水解圈与菌落直径的比值可作为判断该菌株蛋白酶产生能力的初筛依据。

碱性蛋白酶产生菌的复筛：由于固体培养基与液体培养基所提供的生长条件不同，同一菌种可能表现出不同的产酶性状，因此初筛的菌株需要进行复筛。以地衣芽孢杆菌作为对照菌株，选择生长良好、产生蛋白水解圈明显的初筛菌株进行复筛。

碱性蛋白酶活力测定按照现行中华人民共和国国家标准 GB/T 23527—2009 进行。在一定温度和 pH 条件下，发酵产生的蛋白酶水解酪蛋白底物，产生含有酚基的氨基酸（如酪氨酸、色氨酸等），用蛋白沉淀剂除去未被分解的蛋白质，然后用福林试剂检测。在碱性条件下，产生的酚基氨基酸将福林试剂中的磷钼酸盐-磷钨酸盐还原，生成深蓝色的钼兰和钨兰的混合物。用分光光度计测定溶液在 680 nm 下的吸光度。酶活力与吸光度成正比，通过标准曲线法测算酶活力的大小。蛋白酶活力以蛋白酶活力单位数 u/mL 或 u/g 表示。本实验碱性蛋白酶活力单位定义为，1 mL 发酵液在 40 ℃、pH9.0 实验条件下，1 min 水解酪蛋白产生 1 μg 酪氨酸，为 1 个酶活单位，即 1 u/mL。

三、实验器材与试剂

1. 材料

肥沃有机土壤。

2. 对照菌株

地衣芽孢杆菌（*Bacillus licheniformis*）。

3. 试剂与溶液

（1）主要试剂：牛肉膏、蛋白胨、氯化钠、琼脂、脱脂奶粉、玉米粉、黄豆饼粉、磷酸氢二钠、磷酸氢二钾、磷酸二氢钾、福林试剂（Folin）、碳酸钠、干酪素。

（2）溶液：

① 0.5 mol/L NaOH、2 mol/L NaOH、1 mol/L HCl、0.1 mol/L HCl、无菌水、无菌生理盐水。

② 0.4 mol/L 三氯乙酸溶液、0.4 mol/L Na_2CO_3溶液、0.05 mol/L pH9.0 甘氨酸-氢氧化钠缓冲液。

③ 50 μg/mL 标准酪氨酸溶液：准确称取 50 mg L-酪氨酸，用 1 mol/L 盐酸溶液 60 mL 溶解，然后定容到 100 mL 配制成 0.5 mg/mL 的溶液。从中吸取 10 mL，用 0.1 mol/L 的盐酸溶液定容至 100 mL，即为 50 μg/mL 标准酪氨酸溶液（用前稀释）。

④ 10 g/L 酪蛋白溶液：干酪素提前用研钵研成粉末。称取 1 g 干酪素粉末，用少量 0.5 mol/L NaOH 溶液润湿后，加入适量 0.05 mol/L pH 9.0 的甘氨酸-氢氧化钠缓冲液，沸水浴加热 30 min，使用玻璃棒不断搅拌并碾压干酪素颗粒直至全部溶解，冷却后用 pH 9.0 甘氨酸-氢氧化钠缓冲液定容至 100 mL，4 ℃冰箱保存，有效期为 3 天，使用前重新调整 pH 为规定值。用于湿润干酪素的 NaOH 量不宜过多，以免影响配制溶液的 pH。

⑤ 草酸铵结晶紫溶液、革氏碘液、95%乙醇、0.5%番红染液、香柏油、无水乙醚-无水乙醇混合液（7∶3）、5%孔雀绿水溶液。

4. 仪器

高压蒸汽灭菌锅、恒温水浴锅、恒温振荡培养箱、分光光度计、显微镜等。

5. 其他用具

培养皿、锥形瓶、试管及试管帽、涂布耙、移液枪及枪头、酒精灯、试管架、pH 试纸、移液管、离心管、试管夹、秒表、小漏斗、定性滤纸、载玻片、接种环、擦镜纸、吸水纸、镊子、双层滴油瓶、接种环、打火机、记号笔等。

四、实验内容与方法

1. 培养基的制备

（1）牛奶琼脂培养基：用于初筛与纯化。制备 pH 为 9.0 的牛肉膏蛋白胨琼脂培养基，灭菌后添加终质量浓度为 1.5%的脱脂奶粉即为牛奶琼脂培养基。脱脂奶粉用水溶解后单独灭菌（0.06 MPa，30 min），倒平板前与加热熔化的牛肉膏蛋白胨琼脂培养基混合均匀。

（2）牛肉膏蛋白胨斜面培养基：用于菌种保藏、活化、形态观察。

（3）种子培养基（牛肉膏蛋白胨液体培养基）：牛肉膏 0.3%、蛋白胨 1%、NaCl 0.5%，pH7.2~7.4，0.1 MPa 灭菌 20 min。

（4）发酵培养基：玉米粉 4%，黄豆饼粉 3%，Na_2HPO_4 0.4%，KH_2PO_4 0.03%，用 2 mol/L 的 NaOH 调 pH 至 9.0，分装于 250 mL 三角瓶，每瓶 50 mL，0.1 MPa 灭菌 20 min。

2. 产碱性蛋白酶菌株的初筛

（1）灭菌材料准备：配制牛奶琼脂培养基用于制备牛奶平板；制备牛肉膏蛋白胨斜面培养基多支试管；锥形瓶中分装 90 mL 无菌水；分装 4.5 mL 无菌水试管 5 支；培养皿、移液管、涂布耙、枪头等，包扎好，灭菌备用。

（2）采集土样：选择比较肥沃土壤（如有机菜地、家畜饲养、屠宰等动物性蛋白丰富地点取样），铲去土壤表层，采集 5~20 cm 深度的土壤装入牛皮纸袋，封好袋口，做好标记，携回实验室供分离使用。

（3）制备土壤稀释液：取土壤 10 g，放入盛有 90 mL 无菌水的锥形瓶中振荡（约 20 min）制成土壤悬液（10^{-1}）。取 4.5 mL 无菌水试管 5 支，用记号笔标记为 10^{-2}~10^{-6}。用无菌移液管从 10^{-1}的土壤悬液中吸取 0.5 mL 加入 4.5 mL 无菌水中，充分混匀，以同样的方法依次制成不同稀释度的土壤悬液。

（4）接种和培养：

涂布法接种：选取4种稀释度10^{-3}~10^{-6}土壤悬液，分别吸取0.1 mL接种到牛奶培养基平板，每个稀释度做3个平板，做好标记，然后用涂布耙从低浓度到高浓度分别把接种液涂布均匀。室温下静置5~10 min，使菌液吸附进培养基。同时做对照菌株的稀释和接种，接种于牛奶平板上，涂布均匀，做3个平行。所有平板倒置于37 ℃恒温培养箱中培养24~48 h。

（5）结果观察：测量蛋白水解透明圈直径及菌落直径大小并计算HC值（透明圈直径/菌落直径），筛选出HC值较大的单菌落确定为蛋白酶活性较高的初筛菌株。

（6）初筛菌株的纯化与转接：

纯化：用接种环挑取初筛菌株的菌落，在牛奶琼脂平板上进一步划线纯化。

转接：将纯化好的菌株接种于牛肉膏蛋白胨斜面培养基上培养、保藏，用于摇瓶发酵复筛及菌体特征观察及染色鉴别。

3. 产碱性蛋白酶菌株的复筛

1）种子培养液的制备

每个菌株（包括对照）配制1瓶液体种子培养基50 mL，装于250 mL三角瓶，0.06 MPa灭菌30 min。

将菌株用接种环分别接种于种子培养基中，37 ℃、140 r/min培养18~24 h用于摇瓶发酵。

2）发酵培养液的制备

每个菌株（包括对照）配制豆粉发酵培养基150 mL，平均分装于3个250 mL三角瓶，0.06 MPa灭菌30 min。

发酵培养基冷却后，将种子培养液摇匀，接种入pH为9的发酵培养基中，4%接种量（体积分数），每个菌株接种3瓶，培养36 h后测定酶活。

3）发酵液酶活测定前处理

用无菌移液枪吸取6 mL发酵液于10 mL离心管中，严格配平，4 ℃、6000 r/min离心10 min。取上清液应用福林法测定菌株胞外碱性蛋白酶活性。

4. 碱性蛋白酶活力测定（福林法）

1）酪氨酸标准曲线的制作

制作酪氨酸标准曲线的数据如表17-1所示。

表17-1　酪氨酸标准曲线的制作

管号	0	1	2	3	4	5
标准酪氨酸溶液浓度/（μg·mL^{-1}）	0	10	20	30	40	50
标准酪氨酸溶液加入体积/ mL	0	0.2	0.4	0.6	0.8	1.0
加水体积/mL	1	0.8	0.6	0.4	0.2	0
0.4 mol/L碳酸钠溶液/mL	5					
Folin试剂/mL	1					
反应条件	40 ℃恒温水浴15 min					
A_{680}						

取 6 支试管，按照表 17-1 加入 50 μg/ mL 的标准酪氨酸溶液，用水补足到 1 mL，再各加 5 mL 0.4 mol/L 碳酸钠溶液、1 mL 福林试剂，摇匀。放于 40 ℃恒温水浴中显色 15 min，以 0 号管为空白对照，在 10 mm 比色皿中用分光光度计测定 680 nm 下的吸光度。以酪氨酸的浓度（μg/ mL）为横坐标，以吸光度为纵坐标，绘制标准曲线。利用回归方程，计算出吸光度为 1 时的酪氨酸的 μg 数，即为吸光常数 K 值，K 值应在 95~100 范围之内。

2）发酵液蛋白酶活力测定

（1）样品管处理：取一支试管，加入 10 g/L 酪蛋白溶液 2 mL；再取一支试管，加入发酵液 1 mL；两支试管在 40 ℃水浴中同时预热 5 min；然后，将酪蛋白溶液加入发酵液中，摇匀，40 ℃水浴反应 10 min。反应结束后，立即加入 0.4 mol/L 三氯乙酸溶液 3 mL，摇匀，室温下静置沉淀 10 min 左右，用慢性定性滤纸过滤除去沉淀。

（2）空白对照管处理：取一支试管，先加入发酵液 1 mL，然后加入 0.4 mol/L 的三氯乙酸溶液 3 mL 使蛋白酶变性失活，再加入 10 g/L 的酪蛋白溶液 2 mL，充分混匀后，在 40 ℃水浴放置 10 min。水浴结束，室温静置沉淀 10 min 左右，用慢性定性滤纸过滤除去沉淀。

（3）显色：取 2 支试管，编号。分别加入样品处理滤液 1 mL、空白对照处理滤液1 mL；然后各加入 0.4 mol/L 的碳酸钠溶液 5 mL、福林试剂 1 mL，立即混匀，40 ℃水浴中显色 15 min。

（4）吸光度测定：以空白对照管调零，测定样品管 680 nm 下的吸光度 A_{680}。

（5）酶活计算与比较：

$$发酵液的酶活力(u/mL)=K\times A\times N\times\frac{V}{T}$$

式中：K：标准曲线上 $A=1$ 时对应的酪氨酸 μg 数；A：吸光度；N：发酵液稀释倍数；V：酶促反应液体积，本实验为 6；T：反应时间，本实验为 10。

3）酶活测定注意事项

（1）试管必须洁净干燥。

（2）测定样品酶活时，酪蛋白、酶液同时放入水浴预热，要将预热好的试管内的酪蛋白倒入有酶液的试管中。

（3）计时应准确。

（4）每个处理加入碳酸钠后，应立即加入福林试剂，混匀。

（5）水浴锅提前打开预热（40 ℃）。

5. 高蛋白酶活性菌株的形态观察及染色鉴别

（1）革兰氏染色：以地衣芽孢杆菌（革兰氏阳性）为对照菌株，用革兰氏染色法对复筛出的较高蛋白酶活性的菌株进行染色、镜检，观察染色结果。

（2）芽孢染色：

淡薄培养基平板的制备：淡薄培养基是较好的一种生芽孢的培养基。配方为酵母膏 0.07%、蛋白胨 0.1%、葡萄糖 0.1%、$(NH_4)_2SO_4$ 0.02%、$MgSO_4\cdot 7H_2O$ 0.02%、K_2HPO_4 0.1%、琼脂 2%，pH7.0~7.2，0.06 MPa 灭菌 30 min，培养基冷却到 50 ℃左右时倒平板备用。

接种与培养：将复筛出的较高蛋白酶活性的菌株接种到淡薄培养基平板，37 ℃培养

24 h后以地衣芽孢杆菌作为对照，进行芽孢染色。

① 制片：涂片、干燥、固定。

② 加染色液：加数滴孔雀绿染液于涂片上，用玻片夹夹住玻片一端，在微火上加热至染料冒蒸汽（但不沸腾），切勿使染料蒸干，必要时可添加少许染料，加热时间从冒蒸汽开始计算维持 5 min。

③ 水洗：倾去染液，待玻片冷却后，水洗至流出的水无绿色为止。

④ 复染：用番红染液染色 2 min，水洗，用吸水纸吸干，镜检。

⑤ 结果观察：芽孢呈绿色，芽孢囊及菌体呈红色。

五、实验结果与讨论

1. 碱性蛋白酶菌株的初筛及复筛结果记录

碱性蛋白酶菌株筛选实验结果记录于表 17-2。

表 17-2　碱性蛋白酶菌株筛选实验结果记录表

菌株编号	透明圈直径/mm	菌落直径/mm	HC比值	发酵液的酶活力			
				1	2	3	平均酶活力
对照							
1							
2							
3							
4							
5							
6							
…							

2. 碱性蛋白酶菌株筛选结果与分析

（1）拍摄照片显示牛奶平板的透明圈现象，对 HC 值测算得出的初筛结果进行分析。

（2）对以地衣芽孢杆菌为对照、根据福林法测定的酶活数据，筛选出碱性蛋白酶活性较高的菌株并对复筛结果进行分析。

3. 碱性蛋白酶高活性菌株形态观察及染色鉴别

根据对菌株革兰氏染色及芽孢染色鉴定结果，对筛选出的产蛋白酶菌株的形态特征及分类结果进行初步分析判断。

六、思考题

（1）在牛奶培养基平板上形成蛋白水解透明圈的大小是否可以作为判断菌株产蛋白酶能力的直接证据？

（2）总结碱性蛋白酶菌株筛选实验的注意事项。

（3）思考分析菌种分离筛选的后续实验流程及技术策略。

实验十八　发酵培养基的正交试验设计与分析

一、实验目的

（1）掌握利用正交试验优化微生物发酵培养基的方法。

（2）掌握正交试验结果的分析与处理方法。

二、实验原理

发酵培养基通常指人工配制的适合微生物生长繁殖、积累代谢产物的营养基质。发酵培养基的配方是否合适对发酵产品的产量和质量有着极大的影响。发酵培养基的组成除需含有菌体生长所必需的营养元素、适宜的浓度及配比，适宜的理化条件外，还要有产物合成所需的特定元素、前体和促进剂等。因此，选择微生物发酵培养基的最优配方需要做多因素考察与分析。若只从根据前人经验确定的可能的培养基配方开始，从众多营养成分中确定影响终产物产量和质量的重要成分及其最佳的浓度配比，工作量也非常大。以 4 种原料组成的培养基为例，每种原料按照 3 个浓度逐一进行配比试验，则需要 $3^4=81$ 次试验。在实际工作中不可能完成多因素分析的全部试验。而利用数理统计中的正交设计，通过正交表中安排有代表性的少量试验就可以做到全面考察，达到试验目的。正交表具有正交性、数据可比性两个特点。正交性，即试验因子均衡搭配，每个因子的各个水平在竖列中出现的次数相同，任何两个因子的不同水平搭配在横行中出现的次数也相同；数据可比性，由于各因子搭配均匀、各水平对试验结果具有均等的影响概率，因此试验数据具有综合可比性，同时能进行单因子作用力考察与评定或多因子交互作用考察与分析，可得出最优的因素水平组合方案。

正交表是正交设计的基本工具。在正交设计中，因素个数没有严格限制，因素之间有无交互作用均可使用，安排试验、分析结果，均在正交表上进行。正交表有单一水平正交表和混合水平正交表两种类型，试验中有不同的正交表可供选择，根据试验因素和水平数的多少及是否需要估计互作来选择合适的正交表，一般选择表中因素个数大于等于试验考察的因素个数（包括交互作用、误差等）的正交表。

最简单的单一水平正交表是 L_4（2^3）："L" 代表正交表；L 下角的数字 "4" 表示有 4 横行，即要做的试验次数为 4 次；括号内的指数 "3" 表示有 3 纵列，即最多允许安排的因素个数是 3 个；括号内的数 "2" 表示因素有两种水平 1 与 2。

正交试验结果分析方法有极差分析法、效应趋势图法及方差分析法。

1. 极差分析法

极差分析法即运用简单的数学运算和分析判断求得试验的优化成果，包括主次因素、最优水平及最优组合。对于误差较大、精度要求较高的试验，因其不能充分利用试验数据信息、不能估计试验误差、无法确定试验优化成果的可信度，而难以对试验结果进行准确分析，影响正确结果的获得。但极差分析在试验误差不大、精度要求不高的筛选因素的初步试验中寻求最优生产条件、最佳工艺、最好配方的科研生产实践中可得以较广泛的应用。极差分析在考虑某一个因素时，认为其他因素对结果的影响是均衡的，从而认为，该因素各水平的差异是由于因素本身引起的。具体分析方法是，首先计算各因素每个水平导致的结果之和，例如 $L_9(3^4)$ 正交试验，A 因素的第 1 水平进行了 3 次试验，则把这 3 次试验结果相加，得到 A 因素 1 水平的试验结果总和 T_1，A 因素的第 2 水平进行了 3 次试验，则把这 3 次试验结果相加，得到 A 因素 2 水平的试验结果总和 T_2……，如此类推，分别计算出 A、B、C、D 各因素的 T_1、T_2、T_3；其次，计算各因素不同水平下试验结果的平均值，即将已经计算出的 T_1、T_2、T_3 分别除以所对应的试验次数 3，表示为 $\overline{T}_1$（$T_1/3$）、$\overline{T}_2$（$\overline{T}_2/3$）、$\overline{T}_3$（$T_3/3$）；然后，计算各因素不同水平下试验结果的平均值的极差 R。极差是指一组数据中最大值与最小值之间的差值。例如计算 A 因素 3 个不同水平下的试验结果平均值的极差，即将最大平均值减去最小平均值得到极差 R_A。如此类推，计算出其他因素不同水平试验结果平均值的极差（R_B、R_C、R_D）。最后进行结果分析，极差越大，所对应的因素越重要，该因素水平的变化对试验结果的影响越大。根据极差的大小对因素排序，确定关键因素、重要因素、次要因素和可能的最优方案。$\overline{T}_1$、$\overline{T}_2$、$\overline{T}_3$ 反映了某因素各水平对试验结果的影响，如果要求试验指标愈大愈好，则最大的平均值对应了最好的水平，从而可以确定出各因素的最优水平。关键因素、重要因素选择最优水平，次要因素可以根据可操作性、经济性等特定条件选择合适水平，进一步搭配生成最优组合。

2. 效应趋势图法

对各因素水平的效应趋势进行考察分析。以因素的水平为横坐标，以每个因素的不同水平试验结果之和或平均值为纵坐标，制作折线图。根据指标的数值要求从趋势图中可以看出各因素的最优水平或优化趋势，更为一目了然、形象直观（如果指标数值要求愈小愈好，则最小平均值对应最好水平；如果指标数值要求愈大愈好，则最大平均值对应最好水平；如果指标数值要求适中，则可取适中的平均值对应的水平）。

3. 方差分析法

应用方差分析法对均数差别做显著性检验。确定各因素对试验结果影响程度的大小、因素间的交互作用及试验条件优化方案。根据 F 检验规则，检验值大于 $F_{0.01}$ 临界值者为高度显著因子，检验值在 $F_{0.05}$ 到 $F_{0.01}$ 之间者为显著因子。

由于多因素试验中的各个因素除了单独对试验结果具有不同程度的影响外，因素之间可能发生交互作用，或联合作用或相互影响对试验结果产生协同效应。忽视因素之间的交互作用可能得出不符合实际情况的试验结果。因此，在考虑多因素的交互作用时，需要使用交互作用表，安排交互作用试验，做交互作用方差分析及交互作用效应分析。根据试验数据分析结果，显著因子选择最优水平、不显著因子选择任意水平或根据可操作性、经济性等特定条件选择合适水平。在安排有交互作用考察项的试验中，另结合各因素交互作用对试验结果的影响程度，将因素水平合理搭配生成最优组合。

本实验学习通过正交试验考察发酵培养基中不同成分对蛋白酶发酵产量的影响，并选出最优配比。以发酵培养基的 4 种成分为试验因子，各因子设置 3 种不同浓度为试验水平，选用 $L_9(3^4)$ 正交表进行四因素正交试验，通过试验数据的极差分析法、效应趋势图分析法初步获得发酵培养基的优化配方。

三、实验器材与试剂

1. 微生物材料

土壤筛选出的产蛋白酶菌株。

2. 仪器

高压蒸汽灭菌锅、恒温水浴锅、分析天平、恒温振荡培养箱、分光光度计。

3. 试剂

（1）牛肉膏、蛋白胨、氯化钠、琼脂、玉米粉、黄豆饼粉、Na_2HPO_4、KH_2PO_4。

（2）0.5 mol/L NaOH、2 mol/L NaOH、1 mol/L HCl、无菌生理盐水、福林试剂、1%酪蛋白溶液、0.4 mol/L 三氯乙酸溶液、0.4 mol/L Na_2CO_3溶液、pH9.0 甘氨酸-氢氧化钠缓冲液。

4. 其他用具

锥形瓶、移液枪及枪头、酒精灯、pH 试纸、移液管、秒表、小漏斗、定性滤纸、接种环、打火机、记号笔等。

四、实验内容与方法

1. 确定试验因素和水平数，列出因素水平表

本试验以发酵培养基中玉米粉、黄豆饼粉、Na_2HPO_4、KH_2PO_4为试验因子，各因子设置 3 种不同浓度为试验水平，以蛋白酶活性为指标进行正交试验（表 18-1）。考察不同因素不同水平对试验结果的影响，得出发酵培养基最佳配比。

表 18-1　因素水平表

水平	因素			
	玉米粉（A）/%	黄豆饼粉（B）/%	Na_2HPO_4（C）/%	KH_2PO_4（D）/%
1	2	1.5	0.2	0.01
2	4	3.0	0.4	0.03
3	8	6.0	0.6	0.05

2. 选用合适的正交表

本试验选用 $L_9(3^4)$ 正交表（表 18-2），进行发酵培养基的配制。

表 18-2　$L_9(3^4)$ 正交试验发酵培养基的配制

试验号	因素			
	玉米粉（A）/%	黄豆饼粉（B）/%	Na_2HPO_4（C）/%	KH_2PO_4（D）/%
1	2	1.5	0.2	0.01
2	2	3.0	0.4	0.03
3	2	6.0	0.6	0.05
4	4	1.5	0.4	0.05
5	4	3.0	0.6	0.01
6	4	6.0	0.2	0.03
7	8	1.5	0.6	0.03
8	8	3.0	0.2	0.05
9	8	6.0	0.4	0.01

3. 接种发酵、测定试验指标

种子培养基的制备：配制牛肉膏蛋白胨液体培养基 50 mL，装于 250 mL 三角瓶，0.1 MPa 灭菌 20 min。

发酵培养基的制备：按正交表的要求，将不同配比的玉米粉、黄豆饼粉、Na_2HPO_4、KH_2PO_4配制的培养基装入锥形瓶，每瓶 50 mL/ 250 mL 三角瓶，0.1 MPa 灭菌 20 min。

接种、培养与检测：用接种环将活化的产蛋白酶菌株接种于种子培养基中，37 ℃、140 r/min培养 18~24 h。将种子培养液摇匀，用无菌吸管吸取菌液接种入发酵培养基，4%接种量（体积分数），振荡培养 36 h 后，应用福林法测定蛋白酶活力，方法同碱性蛋白酶产生菌的分离筛选实验。

4. 试验结果分析

（1）应用极差分析法对正交试验结果计算分析，如表 18-3 所示。

表 18-3　L_9（3^4）正交试验结果极差分析表

试验号	因素				蛋白酶活力（u/mL）
	A	B	C	D	
1	1	1	1	1	
2	1	2	2	2	
3	1	3	3	3	
4	2	1	2	3	
5	2	2	3	1	
6	2	3	1	2	
7	3	1	3	2	
8	3	2	1	3	
9	3	3	2	1	
T_1					
T_2					
T_3					
$\bar{T}_1$（$T_1/3$）					
$\bar{T}_2$（$T_2/3$）					
$\bar{T}_3$（$T_3/3$）					
R					
最优配方					

（2）应用效应趋势图法分析试验结果，得出合理结论。

如 18-1 示意图所示，A、C、D 三个因素的 2 水平为最优水平，B 因素则需要再增加浓度，以利于发酵产物蛋白酶活力的提高。

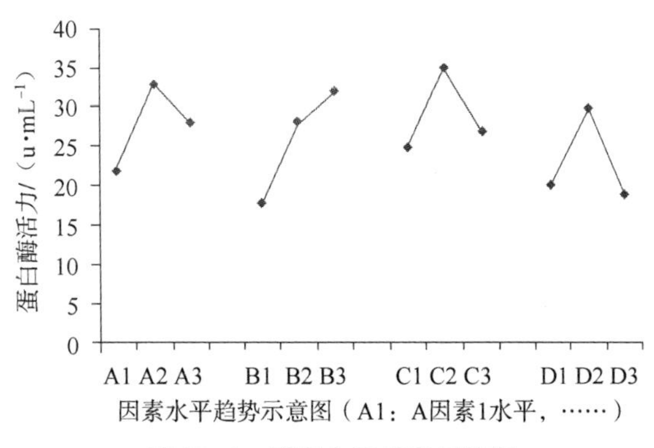

图 18-1　因素水平趋势示意图

五、实验结果与讨论

记录摇瓶发酵蛋白酶产量的测定数据，并做极差分析和效应趋势图分析，选出本试验发酵培养基的优化配方。

六、思考题

（1）正交表有什么特点？
（2）什么是因素间的交互作用？因素间有交互作用的正交试验如何进行表头设计？
（3）正交设计的发酵培养基的配制需要注意什么？

实验十九　实验室小型自控发酵罐的构造及使用

一、实验目的

（1）了解实验室用小型自控发酵罐的结构及控制发酵的原理。
（2）学习小型自控发酵罐发酵过程的参数设置及操作控制等使用方法。

二、实验原理

发酵罐，是用来进行微生物发酵的装置。按照使用范围发酵罐可分为实验室小型发酵罐、中试生产发酵罐、大型发酵罐等；按照微生物的生长代谢需要，分为好气型发酵罐和厌气型发酵灌；按照灭菌方式可分为在位灭菌发酵罐、离位灭菌发酵罐；按照搅拌方式可分为磁力搅拌发酵罐、机械搅拌发酵罐、气升式发酵罐及厌氧发酵罐（不需要搅拌）等；按照材质，可分为玻璃发酵罐、不锈钢发酵罐、碳钢发酵罐、不同材质结合型发酵罐等。一般来说，10 L 以下罐体多用耐压玻璃制作，10 L 以上罐体用不锈钢板或钢板制作。发酵罐配备有控制器和各种电极，可以自动地调控试验所需要的培养条件，是微生物学、发酵工程、医药工业等科学研究所必需的设备。

本实验用 BIOTECH-5BP-4 型自动发酵罐进行大肠杆菌的液体培养与发酵，以学习和掌握小型自控发酵罐的使用原理及操作流程。

BIOTECH-5BP-4 自动发酵罐，为 5 L 多联式发酵罐，配置有 4 个发酵罐、4 套传感器，罐间独立控制，与实验室常见的各种自控发酵罐类似，结构上由三部分组成，即发酵控制系统、小型发酵罐及发酵辅助系统（图 19-1）。

图 19-1 BIOTECH-5BP-4 多联发酵罐

1. 发酵控制系统

配置微电脑显示屏，可对发酵中的各种参数如发酵温度、溶解氧、搅拌速度、pH 和泡沫水平进行设定、显示、记录并能实现对这些参数的自动反馈调节控制。

2. 小型发酵罐

发酵罐是进行发酵的主体设备，主要包括以下 6 个部分。

（1）罐体：为能耐高温、高压的硅硼玻璃发酵罐，为离位发酵罐，容积为 5 L，最大装液量应≤70%，即≤3.5 L。

（2）搅拌系统：在发酵罐体下部配置有耦合磁力驱动搅拌系统，用于加速气体与液体之间或液体与固体之间混合及热量的传递，对溶解氧的控制具有重要意义。

（3）通气供氧系统：提供好氧微生物发酵所需要的氧。

（4）传热保温系统：罐体采用夹套系统保温。与冷水管路及热水管路及加热器相连。能带走生物氧化及机械搅拌产生的热量，使发酵罐体温度稳定，使发酵保持在适宜的温度下进行。

（5）消泡系统：由于发酵液中含有大量蛋白质，在强烈搅拌下会产生大量泡沫，导致发酵液外溢而增加污染的机会，利用消泡系统流入消泡剂可除去泡沫。

（6）参数检测器：有 pH 电极、溶氧探测器、温度传感器、泡沫传感器。

3. 发酵辅助系统

有通气供氧系统的空气压缩机及离体灭菌器。

三、实验器材与试剂

1. 仪器

BIOTECH-5BP-4 机械搅拌通气式四联发酵罐、恒温摇床、分光光度计、高压蒸汽灭菌锅等。

2. 菌种

大肠杆菌（*Escherichia coli*）。

3. 培养基

（1）斜面培养基：牛肉膏 0.5%、酵母膏 0.5%、葡萄糖 1%、蛋白胨 1%、NaCl 0.5%、琼脂 2%，pH 为 7.2~7.4，121 ℃高压灭菌 20 min，用于菌种的活化。

（2）种子培养基：牛肉膏 0.5%、酵母膏 0.5%、葡萄糖 1%、蛋白胨 1%、NaCl 0.5%，pH 为 7.2~7.4，分装于多个 250 mL 三角瓶，每瓶 50 mL，121 ℃高压灭菌 20 min。

（3）发酵培养基：葡萄糖 2%、蛋白胨 1%、酵母膏 0.5%、牛肉膏 1%、NaCl 0.5%、NH_4Cl 0.5%，pH 为 7.2~7.4，消泡剂 0.2 mL/L。

4. 试剂

（1）3,5-二硝基水杨酸（DNS）试剂：称取 6.5 g DNS 溶于少量蒸馏水中，移入 1000 mL容量瓶中，加入 2 mol/L NaOH 溶液 325 mL，再加入 45 g 丙三醇，摇匀，冷却后定容至 1000 mL。

（2）葡萄糖标准溶液：准确称取干燥恒重的葡萄糖 200 mg，加入少量蒸馏水溶解后，以蒸馏水定容至 100 mL，即含葡萄糖为 2.0 mg/ mL。

（3）2 mol/L NaOH 溶液及消泡剂。

5. 其他用具

移液管（取液器）、三角瓶等。

四、实验内容与方法

1. 发酵种子液准备

大肠杆菌斜面菌种传代培养 1~2 代，使菌种活化。将活化的斜面菌种接种到种子培养基中，摇床振荡培养，转速 200 r/min、温度 37 ℃，培养 10 h 左右获得对数期后期菌液。

2. 发酵培养基制备

按照 5 L 罐体装液量为 3 L 的量配制发酵培养基，依照配方分别称取各种营养成分，加水定容至 3 L，调节 pH 为 7.2~7.4。

3. 进罐前准备工作

（1）pH 电极校正：pH 电极和溶氧电极在标定之前要在缓冲液中浸泡并联机通电30 min 以上。pH 电极在灭菌前要进行校正。接好电缆后拧开电极的固定螺帽，将 pH 电极取出后用去离子水冲洗干净后，轻轻用纤维类软湿布吸干上面的水后先放入标准溶液 6.86 中校正，等控制器上数据稳定后标定零点，确认后，从标准液中取出电极，冲洗、吸干后放入 4.00 的标准溶液中标定斜率；在两种标准缓冲液之间反复操作几次，直至不需再调节其零点和定位（斜率），则校准过程结束。

（2）发酵罐清洗：取下消泡电极、溶氧电极（锡纸包住保护套）、pH 电极、温度电极连线、消泡电极连线。清洗发酵罐的罐体及其管路系统。发酵罐的清洗可配合进水、进气、电机搅拌一起进行。

4. 灭菌及装罐

清洗后将发酵培养基装入罐体，装液量<70%。把发酵罐整体放入灭菌锅内（须打开夹套排气阀，防止出口堵塞造成炸裂；由罐上取下消泡电线、溶氧电线、pH 电线、温度电线防止一起灭菌），同时放好酸碱补料瓶、取样瓶、移液管等器材，按需求在 115 ℃灭菌 30min。

待罐体灭菌结束后，将其置于发酵台上，安装完好。安装时注意罐内密封圈、硅胶垫就位情况及要注意罐与罐座间隙均衡。在罐体拆卸、灭菌及安装时要特别注意 pH 电极、溶氧电极及玻璃罐体等部件的安全处置。

5. 发酵罐工艺操作条件的设置

安装完毕，打开冷却水，打开气泵电源，连接通气管道开始通气，调节进气旋钮使通气量适当；打开发酵罐电源，设置温度、pH、搅拌速度等，500 r/min 下开机转动 30 min，设定溶氧电极为 100。

温度：37 ℃；压力：0～0.3 MPa（表压）；pH：7.2；搅拌转速：500 r/min；需氧量：0.05～0.3 kmol/（m^3·h）；通气量：1.5～2 V/V/M。

6. 接种

接种前进行溶氧电极的校正，可采用亚硫酸钠法进行校正。温度降至恒定的发酵温度下，将转速及空气量开到最大值时的溶解氧 DO 值作为 100%。

接种前确认温度、通气量。放出罐中空气，将罐压降至 0。提前准备好酒精棉花、钳子、镊子和菌种，采用火焰封口接种，接种量根据工艺要求确定（1%～10%）。接种口拧松。接种圈取出，塞上脱脂棉，注入酒精，持成 90 ℃以酒精不滴下为度。将接种圈套在接种口周围，然后点燃酒精脱脂棉，用钳子或铁棒拧开接种口螺帽，取下接种口盖，此时应向罐内通气，气流量调小，使接种口有空气排出，将三角瓶内的菌种在火环中间倒入罐内，然后将接种口盖在火焰上灭菌后旋紧，接种后，熄灭接种圈火焰，复旋接种口盖子彻底密封使罐压稳定。

7. 发酵过程监测与控制

确保温度电极已经安置妥当，冷却水已经打开，温度设置正确，然后进行温度自动控制以避免加热电路损坏。通气接种后即可进行培养与发酵。

1）发酵状态调节

（1）溶解氧的测量和控制：DO 的控制可采用调节空气流量和调节转速来达到。最简单的是转速和溶氧的关联控制，也可同时调节进气量来控制溶氧量。

（2）pH 的测量与控制：在发酵过程中 pH 的控制使用蠕动泵的加酸加碱来达到。不锈钢不耐酸，尤其是氯离子对不锈钢可产生严重的晶间腐蚀，循环水和发酵介质的氯离子浓度均不得大于 25ppm①，否则可对设备产生不可逆转的破坏并导致设备承压力丧失的严重后果。

（3）发酵温度的控制：根据工艺要求而定，通过调节循环水的温度来控制发酵温度，

① 1 ppm = 10^{-6}。

当环境温度高于发酵温度时，需用冷水降温。

（4）罐压：发酵过程中须手动控制罐压，即用出口阀控制罐内压力。调节空气流量时，须同时调节出口阀，应保持罐内压力恒定大于 0.03 MPa。

（5）泡沫检测：泡沫报警是由泡沫探头探测到泡沫液位信号在触摸屏上以指示灯的形式来实现。

（6）取样测定：发酵过程中通过取样口定时取样，将取样器中的死体积去除，取 10 mL 发酵液分别测定菌密度（1 小时取样 1 次检测 OD600）、葡萄糖浓度（2 h 取样 1 次检测葡萄糖含量）。

2）发酵罐中微生物群体生长特征的监测

迟缓期：菌种接种入新的培养基后，有一段适应环境的过程，为迟缓期。

对数期：细菌以稳定的几何级数极快增长、菌密度直线上升的时期为对数期。

稳定期：生长菌群总数处于平稳阶段，细菌群体活力变化较大。由于培养基中营养物质消耗、毒性产物（有机酸、H_2O_2等）积累、pH 下降等不利因素的影响，细菌繁殖速度渐趋下降，相对细菌死亡数逐渐增加，细菌增殖数与死亡数渐趋平衡。

衰亡期：在发酵的稳定阶段后，细菌繁殖减缓、生理代谢活动趋于停滞、死亡菌数明显增多，细菌的生长进入衰亡期，菌种的全程发酵即将结束。

3）发酵液中葡萄糖的测定

（1）3,5-二硝基水杨酸比色法测定原理：在 NaOH 和丙三醇存在下，3,5-二硝基水杨酸与还原糖共热后被还原生成氨基化合物。在过量的 NaOH 碱性溶液中此化合物呈橘红色，在 483 nm 波长处有最大吸收，在一定浓度范围内，还原糖含量与产物溶液吸光度成正比。利用比色法可测定发酵液样品中的葡萄糖含量。

（2）3,5-二硝基水杨酸比色法测定方法

葡萄糖标准曲线的制作：取 11 支 18 mm×180 mm 试管，按表 19-1 分别加入浓度为 2.0 mg · mL^{-1}葡萄糖标准溶液以及蒸馏水，实验组做两组平行实验。

在上述试管中分别加入 3,5-二硝基水杨酸试剂 2 mL，试管用橡皮筋扎好，于沸水浴中加热 2 min 进行显色，取出后在盛有冷水的大烧杯中冷却，各加入蒸馏水 9.0 mL，混匀，以空白管调零，在 483 nm 波长下测定吸光度。以葡萄糖浓度（mg · mL^{-1}）为横坐标，吸光度为纵坐标，绘制标准曲线（采用 Excel 散点图法作图），拟合线性回归方程。

表 19-1　葡萄糖标准曲线的制作

试管编号	0	1	2	3	4	5
葡萄糖含量/（mg · mL^{-1}）	0	0.4	0.8	1.2	1.6	2.0
葡萄糖标准溶液/mL	0	0.2	0.4	0.6	0.8	1.0
蒸馏水/mL	1.0	0.8	0.6	0.4	0.2	0
3,5-二硝基水杨酸溶液/mL	2.0	2.0	2.0	2.0	2.0	2.0
沸水浴 2 min 后冷却						
蒸馏水/mL	9	9	9	9	9	9
A_{483}						

发酵液中葡萄糖的测定：取3支18 mm×180 mm试管，1支做空白对照，2支做发酵液葡萄糖测定平行试验（表19-2）。在发酵液中加入3,5-二硝基水杨酸试剂后，于沸水浴中加热2 min显色，取出后在盛有冷水的烧杯中冷却，然后各加入蒸馏水9 mL，摇匀，以空白管调零，在483 nm波长下测定吸光度，通过标准曲线线性回归方程计算测试溶液中葡萄糖的含量，再乘以稀释倍数，即得发酵液中的葡萄糖含量（$mg \cdot mL^{-1}$）。

表19-2 发酵液中葡萄糖含量的测定

试管编号	0	1	2
蒸馏水/mL	1	0	0
发酵液/mL	0	1	1
3,5-二硝基水杨酸溶液/mL	2	2	2
沸水浴2 min后冷却			
蒸馏水/mL	9	9	9
A_{483}			
葡萄糖含量/（$mg \cdot mL^{-1}$）			

8. 发酵结束

大肠杆菌群体生长进入衰亡期即可终止发酵。

将搅拌转速调至200~300 r/min，其余恢复至初始状态。将各参数控制模式调至手动状态，关闭电源。

打开放料阀，将发酵液全部排出；废弃物应做灭菌处理。放罐后用水清洗发酵罐2~3次，洗净后通蒸汽消毒15 min。结束后做好清洁与整理。

9. 注意事项及发酵罐维护

（1）罐体材料：硅硼玻璃罐体耐高温，耐高压，不耐外力冲击，一旦外力有冲击，表面显现可能不明显，但会在高温高压时玻璃碎裂、爆炸。

（2）灭菌前，消泡探头、温度探头必须取出，特别是消泡线路、溶氧线路、pH线路、温度线路必须拔出，防止一起灭菌。

（3）罐体每次灭菌前必须打开夹套排气阀，消毒后才可关闭。防止出口堵塞造成炸裂。

（4）酸碱补料瓶：注意一般使用1 mol/L以下的酸碱加入酸碱补料瓶调节pH，最多不能超过3 mol/L。由于不锈钢材质易受带氯离子的酸（盐酸、次氯酸、高氯酸、三氯酸）腐蚀，因此建议使用低浓度的硫酸、硝酸、碳酸、磷酸、醋酸或强酸弱碱盐（配制培养基调节pH的酸不受影响）。否则，氯离子酸的腐蚀会导致轴承及其他不锈钢部件的损坏。

（5）压缩泵：有两个压力表，控制面板上内压力表设定压力0.03~0.04 MPa比较安全，外压力表即进罐前压力设置为0.08 MPa比较安全。

（6）溶氧探头：在空气中调节，不可以在蒸馏水中调节。灭菌时，不要把红色帽带上，在红色帽盖住的地方用锡纸包裹，防止水蒸气侵蚀。

五、实验结果与讨论

（1）记录自动发酵罐进行大肠杆菌液体培养与发酵的实验结果，如表19-3所示。

表 19-3　大肠杆菌液体培养与发酵实验结果记录表

发酵时间/h	1	2	3	4	5	6	7	8	9	10	11	12
菌密度（A_{600}）												
葡萄糖浓度/（mg · mL^{-1}）												

（2）分析发酵过程中菌体生长繁殖的规律以及葡萄糖含量的变化趋势。

六、思考题

（1）发酵罐各部件各有什么功能？

（2）发酵过程中的调节溶氧的方法有哪些？

（3）发酵过程中的无菌空气是如何获得的？

（4）补料的作用是什么？如何进行补料？

附　录

I　常用培养基的配制

1. 牛肉膏蛋白胨培养基（即营养肉汤培养基）

成分：

牛肉膏 3 g　　蛋白胨 10 g　　NaCl 5 g　　水 1000 mL

制法：

（1）于 1000 mL 水中加入上述成分，加热溶解（须防止外溢）；

（2）矫正 pH 至 7.2~7.4；

（3）分装于适当容器内，0.1 MPa 灭菌 20 min，此为液体培养基；

（4）在液体培养基中加入 15~20 g 琼脂（1.5%~2%），即为固体培养基；在液体培养基中加入 5~7 g 琼脂（0.5%~0.7%），则为半固体培养基。

用途：液体和固体培养基供一般细菌培养用，并可作无糖基础培养基；半固态培养基用于保存一般菌种，并可用于观察细菌的动力。

2. 高氏（Gause）1 号培养基

成分：

可溶性淀粉 20 g　　KNO_3 1 g　　NaCl 0.5 g

K_2HPO_4 0.5 g　　$MgSO_4 \cdot 7H_2O$ 0.5 g　　$FeSO_4 \cdot 7H_2O$ 0.01 g

琼脂 20 g　　水 1000 mL　　pH7.2~7.4

制法：

（1）先用少量蒸馏水将淀粉调成糊状，倒入煮沸的水中，边搅拌边加入其他成分，加热溶化后，补足水分至 1000 mL；

（2）调 pH 至 7.2~7.4，分装于适当容器中，0.1 MPa 灭菌 20 min。

用途：供培养放线菌用。

3. 马丁氏（Martin）琼脂培养基

成分：

葡萄糖 10 g　　蛋白胨 5 g　　KH_2PO_4 1 g

$MgSO_4 \cdot 7H_2O$ 0.5 g　　琼脂 20 g　　蒸馏水 1000 mL

pH 自然　　0.1%孟加拉红水溶液 3.3 mL　　1%链霉素 3 mL

制法：

（1）于 1000 mL 蒸馏水中依次加入除链霉素外的各成分，加热溶解，pH 自然，0.06 MPa

灭菌 30min；

（2）待冷却至 50 ℃，（临用前）加入链霉素，每 100 mL 培养基中加入 1% 链霉素 0.3 mL，充分混匀后倒平板，凝固后置阴暗处或冰箱贮存备用。

用途：供分离真菌用，培养基中的孟加拉红和链霉素可抑制细菌和放线菌的生长，对真菌无抑制作用。

4. 查氏（Czapek）培养基（蔗糖硝酸钠培养基）

成分：

蔗糖 30 g	$NaNO_3$ 2 g	K_2HPO_4 1 g
$MgSO_4 \cdot 7H_2O$ 0.5 g	KCl 0.5 g	$FeSO_4 \cdot 7H_2O$ 0.01 g
琼脂 20 g	蒸馏水 1000 mL	pH 自然

制法：

（1）将上述成分依次溶化在少量蒸馏水中，待各成分完全溶化后，补足水分到所需体积（不必矫正 pH）；

（2）将培养基分装于适当的容器中，0.05 MPa 灭菌 20 min。

用途：供培养霉菌用。

5. YPD 培养基（Yeast Extract Peptone Dextrose Medium，YPD 或 YEPD，酵母浸出粉胨葡萄糖培养基，加入琼脂的为酵母膏胨葡萄糖琼脂培养基）

成分：

酵母膏 10 g	蛋白胨 20 g	葡萄糖 20 g
琼脂 20 g	水 1000 mL	pH 自然

制法：

（1）上述成分混合后加热溶解，不用矫正 pH，分装适当容器；

（2）0.06 MPa 灭菌 30 min。

用途：供酵母菌培养用。

6. 马铃薯培养基（Potato Dextrose Agar Medium，PDA，马铃薯葡萄糖琼脂培养基）

成分：

马铃薯 200 g	琼脂 15~20 g	pH 自然
葡萄糖（或蔗糖）20 g	（酵母菌用葡萄糖，霉菌用蔗糖）	

制法：

（1）马铃薯去皮，切成小块煮沸 30 min，注意用玻棒搅拌以防糊底，然后用双层纱布过滤，制成 20%的马铃薯浸汁；

（2）加糖及琼脂，溶化后补水至 1000 mL；

（3）0.1 MPa 灭菌 20 min。

用途：培养霉菌、真菌（酵母菌）用。

7. 豆芽汁葡萄糖（或蔗糖）培养基

成分：

黄豆芽 100 g	葡萄糖（或蔗糖）50 g
蒸馏水 1000 mL	pH（根据培养菌的种类而定）

制法：

(1) 称新鲜豆芽 100 g，放入烧杯中，加入水 1000 mL，煮沸约 30 min，用纱布过滤。用水补足至原量，再加入蔗糖（或葡萄糖）50 g，煮沸熔化；

(2) 将其分装于适当的容器中，0.1 MPa，灭菌 20 min 。

(3) 细菌培养：10%豆芽汁 200 mL，葡萄糖（或蔗糖）50 g，水 800 mL，pH7.2~7.4。

(4) 霉菌或酵母菌培养：10%豆芽汁 200 mL，糖 50 g（霉菌用蔗糖，酵母菌用葡萄糖），水 800 mL，pH 自然。

用途：供细菌、酵母菌，霉菌培养用，也可供糖类发酵用。

8. 淀粉培养基

成分：

蛋白胨 10 g	牛肉膏 5 g	可溶性淀粉 2 g	
NaCl 5 g	琼脂 15~20 g	蒸馏水 1000 mL	pH7.2

制法：

(1) 取少量水将淀粉调成糊状，再加入已溶化好的培养基中，定容到 1000 mL；

(2) 调节 pH 至 7.2，分装于适当的容器中，0.1 MPa，灭菌 20 min。

用途：供淀粉水解试验用。

9. 明胶培养基

成分：

牛肉膏蛋白胨液 100 mL　明胶 12 g　pH7.2~7.4

制法：

在水浴锅中将上述成分加热溶化，调节 pH 为 7.2~7.4，分装于试管，培养基高度约 4~5 cm；0.06 MPa、灭菌 30 min。

用途：供明胶水解试验用。

10. 蛋白胨水培养基

成分：

蛋白胨（或胰蛋白胨 10 g）20g	NaCl 5 g
蒸馏水 1000 mL	pH7.4~7.6

制法：

(1) 将上述成分混合于蒸馏水中加热溶解，调节 pH 为 7.4~7.6；

(2) 分装于试管内，每管 1~1.5 mL，0.1 MPa，灭菌 30 min。

用途：供靛基质（吲哚）试验用。

11. 葡萄糖蛋白胨水

成分：

蛋白胨 5 g	葡萄糖 5 g	K_2HPO_4 2 g
蒸馏水 1000 mL	pH7.2	

制法：

(1) 将上述成分溶于 1000 mL 水中，加热、溶解，调 pH 为 7.2；

(2) 分装于试管内，每管 10 mL，0.06 MPa 灭菌 30 min。

用途：供甲基红试验、VP 试验用。

12. 糖、醇发酵培养基

成分：

蛋白胨水或肉汤蛋白胨培养基（pH7.4~7.6）100 mL

所需糖或醇类物质 1 g

1.6%溴甲酚紫乙醇溶液 0.1 mL

制法：

(1) 取蛋白胨水培养基（pH7.4~7.6）100 mL，加入糖或醇类物质 1 g，加热溶解后再加入 1.6%溴甲酚紫乙醇溶液 0.1 mL，混匀；

(2) 分装于试管内，每管约 5 mL，管内装倒置的杜氏小管（管内充满培养液），贴上各类糖或醇类标签备用；

(3) 0.06 MPa 灭菌 30 min。

用途：观察细菌对糖、醇发酵能力，用于鉴定细菌。

13. 柠檬酸铁铵培养基

成分：

蛋白胨 20 g　　NaCl 5 g　　柠檬酸铁铵 0.5 g

硫代硫酸钠 0.5 g　　琼脂 5~8 g　　蒸馏水 1000 mL　　pH7.2

制法：

(1) 先用水将琼脂和蛋白胨溶化，冷却至 60 ℃左右加入其他成分，溶化后补足水量；

(2) 调节 pH 为 7.2 后分装试管，0.1 MPa 20 min 灭菌后备用。

用途：用于硫化氢试验，观察细菌产生硫化氢情况，用于鉴定细菌。

14. 柠檬酸盐培养基

成分：

NaCl 5 g　　硫酸镁 0.2 g　　$NH_4H_2PO_4$ 1 g

K_2HPO_4 1 g　　柠檬酸钠 2 g　　琼脂 20 g

蒸馏水 1000 mL　　pH 6.8

1%溴麝香草酚蓝乙醇溶液 10 mL

制法：

(1) 将上述各成分（溴麝香草酚蓝除外）加热溶解，调节 pH 至 6.8；

(2) 加入溴麝香草酚蓝，混匀，分装试管，每管约 5 mL；

(3) 0.1 MPa 灭菌 20 min 后制成斜面备用。

(4) 注意配制时控制好 pH，不要过碱，以黄绿色为准。

用途：用于柠檬酸盐利用试验。

15. 硝酸盐还原试验培养基

成分：

蛋白胨 10 g　　NaCl 5 g　　硝酸钾 1 g　　蒸馏水 1000 mL　　pH7.4

制法：

(1) 上述成分混合后，加热溶解，调节 pH 至 7.4，分装试管；

(2) 0.1 MPa 高压灭菌 20 min。

用途：硝酸盐还原试验。

16. 酪素培养基

成分：

KH_2PO_4 0.036 g　　$Na_2HPO_4 \cdot 7H_2O$ 1.07 g　　NaCl 0.16 g

$MgSO_4 \cdot 7H_2O$ 0.5 g　　$CaCl_2 \cdot 2H_2O$ 0.002 g　　$ZnCl_2$ 0.014 g

酪素 4 g　　酪素水解氨基酸 0.05 g　　琼脂 20 g

pH7.0~7.2　　蒸馏水 1000 mL

制法：

(1) 先将酪素放入烧杯中，加入 0.2 mol/L NaOH 约 2 mL，将酪素溶解后加入适量温水，过滤，备用；

(2) 将磷酸盐放入一烧杯中，加入适量蒸馏水溶解后，依次加入其他无机盐和酪素及酪素水解氨基酸，再加入水定容至 1000 mL；

(3) 调节 pH 至 7.0~7.2 后，加入琼脂，0.06 MPa 灭菌 30 min。

用途：检查细菌是否具有分解酪素的特性。

17. 合成培养基

成分：

磷酸铵 1 g　　KCl 0.2 g　　$MgSO_4 \cdot 7H_2O$ 0.2 g

豆芽汁 10 mL　　琼脂 20 g　　蒸馏水 1000 mL

pH7.0　　0.04%的溴甲酚紫 12 mL

制法：

将上述成分加入 1000 mL 蒸馏水中，加热溶化，调节 pH 至 7.0 后，1000 mL 合成培养基加入 12 mL 0.04%的溴甲酚紫（pH5.2~6.8，颜色由黄色变紫色）作为指示剂，然后分装至合适的容器，0.1 MPa、121 ℃灭菌 20 min，备用。

用途：用于筛选营养缺陷型的细菌。

18. 麦芽汁琼脂培养基

制法：

(1) 稀释去除啤酒花的麦芽汁至浓度为 10~15 波林（糖浓度单位）1000 mL；

(2) 按 2%的比例将琼脂加进上述麦芽汁中，加热溶解，调节 pH 至 6.4，后将培养基分装至适当容器中；

(3) 0.06 MPa 灭菌 30 min。

用途：用于培养酵母和乳酸杆菌培养。

19. 伊红美蓝培养基（EMB 培养基）

成分：

蛋白胨 10 g　　乳糖 10 g　　K_2HPO_4 2 g

琼脂 15~20 g　　蒸馏水 1000 mL

20 g/L 伊红水溶液（无菌）20 mL　　5 g/L 美蓝水溶液（无菌）13 mL

制法：

(1) 将蛋白胨、K_2HPO_4、琼脂加热溶解于蒸馏水中，调节 pH 至 7.2，加入乳糖混匀后分装；

(2) 115 ℃高压灭菌 20 min；

（3）临用时加热融化琼脂，冷却至50~55 ℃，加入伊红及美蓝溶液（伊红在培养基中终浓度为0.4‰，美蓝在培养基中终浓度为0.065‰），混均倾注平皿，凝固备用。

用途：分离肠道致病菌。

20. 无氮基本培养基

成分：

葡萄糖10 g　　KH_2PO_4 0.2 g　　NaCl 0.2 g

$MgSO_4 \cdot 7H_2O$ 0.2 g　　$CaSO_4 \cdot 2H_2O$ 0.2 g　　$CaCO_3$ 5 g

蒸馏水1000 mL　　pH7.0~7.2

制法：将上述成分溶于水中，调pH至7.0，0.06 MPa灭菌30 min；

用途：测定细菌生长谱；自生固氮菌、钾细菌的分离培养。

21. 油脂培养基

成分：

蛋白胨10 g　　牛肉膏5 g　　NaCl 5 g

香油或花生油10 g　　琼脂20 g　　蒸馏水1000 mL

pH7.2　　1.6%中性红水溶液1 mL

制法：

（1）将油（不可使用变质的油）和琼脂溶解于水中先加热，待琼脂溶解后调pH至7.2，再加入中性红；

（2）高压灭菌0.1 MPa灭菌20 min，待冷却至60 ℃左右倾注平板，分装时需不断搅拌，使油均匀分布于培养基中。

用途：细菌水解油脂试验用。

22. 麦氏（Meclary）琼脂培养基（醋酸钠培养基）

成分：

葡萄糖1 g　　氯化钾1.8 g　　酵母浸膏2.5 g

醋酸钠8.2 g　　琼脂15~20 g　　pH6.4

水1000 mL

制法：

（1）上述成分混合后，加热溶解，分装至适当容器；

（2）高压灭菌0.06 MPa 30 min。

用途：酵母菌培养。

23. RCM培养基（强化梭菌培养基）

成分：

酵母膏3 g　　牛肉膏10 g　　可溶性淀粉1 g

蛋白胨10 g　　葡萄糖5 g　　NaAc 3 g

NaCl 3 g　　蒸馏水1000 mL　　pH8.5

刃天青3 mg/L　　半胱氨酸盐酸盐0.5 g

制法：

（1）上述成分混合后，加热溶解，调节pH至8.5；

（2）加刃天青3 mg/L，分装至适当容器；

（3）0.1 MPa 灭菌 30 min。

用途：用于厌氧菌培养。

24. TYA 培养基

成分：

葡萄糖 40 g　牛肉膏 2 g　酵母膏 2 g

胰蛋白胨 6 g　醋酸铵 3 g　KH_2PO_4 0.5 g

$MgSO_4 \cdot 7H_2O$ 0.2 g　$FeSO_4 \cdot 7H_2O$ 0.01 g　蒸馏水 1000 mL　pH6.5

制法：

（1）上述成分混合后，加热溶解，调节 pH 至 6.5，分装至适当容器；

（2）0.1 MPa 灭菌 30 min。

用途：用于厌氧菌培养。

25. 玉米醪培养基

成分：

玉米粉 65 g　自来水 1000 mL

制法：

（1）将玉米粉加入水中调匀，煮 10 min 成糊状，pH 自然；

（2）0.1 MPa 灭菌 30 min。

用途：用于厌氧菌培养。

26. 中性红培养基

成分：

葡萄糖 40 g　胰蛋白胨 6 g　酵母膏 2 g

牛肉膏 2 g　醋酸铵 3 g　KH_2PO_4 5 g

中性红 0.2 g　$MgSO_4 \cdot 7H_2O$ 0.2 g　$FeSO_4 \cdot 7H_2O$ 0.01 g

蒸馏水 1000 mL　pH6.2

制法：

（1）上述成分混合后，加热溶解，调节 pH 至 6.2，分装于适当容器；

（2）0.1 MPa 灭菌 20 min。

用途：用于厌氧菌培养。

27. $CaCO_3$ 明胶麦芽汁培养基

成分：

麦芽汁（6 波美）1000 mL　蒸馏水 1000 mL

$CaCO_3$ 10 g　明胶 10 g　pH6.8

制法：

（1）上述成分混合后，加热溶解，调节 pH 至 6.8，分装于适当容器；

（2）0.1 MPa 灭菌 20 min。

用途：用于厌氧菌培养。

28. BCG 牛乳培养基

成分：

A 溶液：脱脂乳粉 100 g　蒸馏水 500 mL

1.6%溴甲酚绿（B. C. G）　乙醇溶液 1 mL

B 溶液：酵母膏 10 g　蒸馏水 500 mL　琼脂 20 g　pH6.8

制法：A、B 液分开灭菌。

（1）A 溶液：80 ℃灭菌 20 min；

（2）B 溶液：0.1 MPa 灭菌 20 min；

（3）无菌操作趁热将 A、B 溶液混合均匀后倒平板。

用途：用于乳酸菌发酵。

29. 乳酸菌培养基

成分：

牛肉膏 5 g　酵母膏 5 g　蛋白胨 10 g　葡萄糖 10 g

乳糖 5 g　NaCl 5 g　蒸馏水 1000 mL　pH6.8

制法：

（1）上述成分混合后，加热溶解，调节 pH 至 6.8，分装于适当容器；

（2）0.1 MPa 灭菌 20 min。

用途：用于乳酸发酵。

30. 酒精发酵培养基

成分：

蔗糖 10 g　$MgSO_4 \cdot 7H_2O$ 0.5 g　NH_4NO_3 0.5 g

20%豆芽汁 2 mL　KH_2PO_4 0.5 g　蒸馏水 100 mL　pH 自然

制法：

（1）上述成分混合后，加热溶解，pH 自然，分装于适当容器；

（2）0.1 MPa 灭菌 20 min。

用途：用于酒精发酵。

31. 基本培养基

成分：

$Na_2HPO_4 \cdot 7H_2O$ 1 g　$MgSO_4 \cdot 7H_2O$ 0.2 g　葡萄糖 5 g

NaCl 5 g　K_2HPO_4 1 g　蒸馏水 1000 mL

pH7.0

制法：

（1）上述成分混合后，加热溶解，调节 pH 至 7.0，分装于适当容器；

（2）0.1 MPa 灭菌 30 min。

用途：用于筛选营养缺陷型细菌。

32. 丙二酸盐培养基（缩水苹果酸钠培养基）

成分：

丙二酸钠 0.3 g　酵母浸膏 0.1 g　NaCl 0.2 g

硫酸铵 0.2 g　K_2HPO_4 0.06 g　磷酸二氢钾 0.04 g

蒸馏水 100 mL　pH6.8　0.2%溴麝香酚兰乙醇 1.25 mL

制法：

（1）将上述各成分（溴麝香草酚蓝除外）加入溶解，调节 pH 至 6.8；

（2）加入溴麝香草酚蓝、混匀，分装试管，每管约 5 mL；

（3）0.1 MPa 灭菌 30 min。

用途：测定细菌能否利用丙二酸盐为碳源。

33. 复红亚硫酸钠培养基（远藤氏培养基）

成分：

蛋白胨 10 g　牛肉膏 5 g　酵母浸膏 5 g

琼脂 20 g　乳糖 10 g　K_2HPO_4 0.5 g

无水亚硫酸钠 5 g　5%碱性复红乙醇溶液 20 mL　蒸馏水 1000 mL

制作：

（1）将蛋白胨、牛肉浸膏、酵母浸膏和琼脂加入 900 mL 水中，加热溶解；

（2）再加入 K_2PO_4，溶解后补水至 1000 mL，调节 pH 至 7.2~7.4，然后加入乳糖混匀溶解；

（3）115 ℃湿热灭菌 20 min；

（4）再称取亚硫酸钠至一无菌空试管中，用少许无菌水使其溶解，在水浴中煮沸10 min后，立即滴加于 20 mL 5%碱性复红乙醇溶液中，直至深红色转变为淡粉红色为止；

（5）将此混合液全部加入上述已灭菌的并仍保持融化状态的培养基中，混匀后立即倒平板，待凝固后存放冰箱备用，若颜色由淡红变为深红，则不能再用。

用途：用于水体中大肠菌群测定。

34. LB（Luria-Bertani）培养基

成分：

胰蛋白胨 10 g　NaCl 5 g　酵母膏 10 g

蒸馏水 1000 mL　pH7.2

制法：

（1）上述成分混合后，加热溶解，pH 调至 7.2，分装于适当容器；

（2）0.1 MPa 灭菌 20 min。

用途：细菌培养。

35. LAB 培养基

成分：

牛肉膏 10 g　酵母膏 10 g　乳糖 20 g　吐温-80 1 mL　$CaCO_3$ 10 g

K_2HPO_4 2 g　琼脂 10 g　蒸馏水 1000 mL　pH6.6

制法：121 ℃灭菌 20 min。

用途：用于乳酸菌活菌计数。

36. MRS 培养基

成分：

蛋白胨 10 g　牛肉膏 10 g　酵母膏 5 g　葡萄糖 20 g

吐温-80 1 mL　K_2HPO_4 2 g　三水乙酸钠 5 g　柠檬酸三铵 2 g

$MgSO_4 \cdot 7H_2O$ 0.58 g　$MnSO_4 \cdot 4H_2O$ 0.25 g

琼脂 15 g　蒸馏水 1000 mL　pH6.2~6.6

制法：121 ℃灭菌 20 min。

用途：用于乳酸菌活菌分离、培养及计数。

37. 乳糖蛋白胨液体培养基

成分：

蛋白胨 10 g　　牛肉膏 3 g　　乳糖 5 g

NaCl 5 g　　蒸馏水 1000 mL　　pH7. 2~74

1. 6%溴甲酚紫乙醇溶液 1 mL

制法：

（1）将牛肉膏、蛋白胨、乳糖、氯化钠各成分溶解于 1000 mL 蒸馏水中，调节 pH 为 7. 2~7. 4；

（2）再加入 1. 6%溴甲酚紫乙醇溶液 1 mL，充分混匀分装于试管，并放入倒置杜氏小管；

（3）115 ℃高压灭菌 20 min，贮存于冷暗处备用。

用途：用于多管发酵法水中总大肠菌群的测定。

38. 二倍（三倍）浓缩乳糖蛋白胨液体培养基

将乳糖蛋白液体胨培养基中各成分除蒸馏水之外均扩大为 2 倍（或 3 倍）用量后加入蒸馏水中，制法同乳糖蛋白胨液体培养基。

充分混匀分装于试管，并放入倒置杜氏小管，115 ℃高压蒸汽灭菌 20 min。

用途：用于多管发酵法水中总大肠菌群的测定。

Ⅱ　常用染色液及试剂的配制

1. 吕氏（Loeffler）美蓝染液（观察酵母菌）

A 液：美蓝（methylene blue）0. 6 g

95%酒精 30 mL

B 液：KOH 0. 01 g

蒸馏水 100 mL

分别配制 A 液和 B 液，配好后混合即可，用于酵母菌单染色，可长期保存。

根据需要可配制成稀释美蓝液，按 1∶10 或 1∶100 稀释均可。

2. 齐氏（Ziehl）石炭酸复红染色液

A 液：碱性复红（basic fuchssin）0. 3 g

95%酒精 10 mL

B 液：碱性石炭酸 5 g

蒸馏水 95 mL

将碱性复红用研钵研磨后逐渐加入 95%乙醇，继续研磨至溶解，配成 A 液。将石炭酸溶解于水中配成 B 液。将 A 液和 B 液混合后，摇匀，过滤，装瓶，通常稀释 5~10 倍后使用，稀释液易变质，可用前稀释。

3. 革兰氏（Gram's）染液

用此液染色因先用 A 结晶紫液染色，再加 B 碘液固定，用 C 95%酒精处理，最后用 D 番红花红液复染。四种液体的配方如下：

A 液：结晶紫液：

（1）结晶紫 2 g　　　95%酒精 20 mL

（2）1%草酸铵水溶液 80 mL。

将（1）、（2）两液混匀静置 24 h 后使用（此液不易保存，如有沉淀出现，需重新配制）。

B 液：卢革氏碘液：

碘化钾 2 g　　　碘 1 g　　　蒸馏水 300 mL

先将碘化钾溶于少量蒸馏水中，然后再加入碘，待碘全部溶解后，加水至 300 mL 即成。

C 液：95%的乙醇溶液

D 液：番红染色液

番红（safranine O）2. 5 g　　　95%乙醇 100 mL

将番红溶于 95%乙醇溶液中，配成番红乙醇溶液冰箱内保存。用时取番红乙醇溶液 10 mL加入 40 mL 蒸馏水混匀即成 0. 5%番红染色液。

用途：以上染液配合使用，可区分出革兰氏染色阳性（G^+）或阴性（G^-）细菌，G^+被染成蓝紫色，G^-被染成淡红色。

4. 芽孢染色液

（1）孔雀绿（malachite green）染色液：

孔雀绿 5 g　　　蒸馏水 100 mL

（2）齐氏石碳酸复红染色液或 0. 5%番红染色液，配方同上。

5. 荚膜染色液

（1）结晶紫液（结晶紫饱和乙醇液 5 mL，加蒸馏水 95 mL）；

（2）20%硫酸铜水溶液。

6. 荚膜的背景染色

（1）黑色素水溶液：

水溶性黑素 10 g　　　蒸馏水 100 mL 40%甲醛（福尔马林）0. 5 mL

将黑色素在蒸馏水煮沸 5 min，后加入甲醛作防腐剂，用玻璃棉过滤。

（2）墨汁染色液：

国产绘图墨汁 40 mL　　甘油 2 mL　　液体石炭酸 2 mL

先将墨汁用多层纱布过滤，加甘油混匀，水浴加热，再加石炭酸搅匀，冷却后备用。

7. 鞭毛染色液

A 液：

饱和钾明矾溶液（200 g/L）2 mL　　5%石炭酸溶液 5 mL

20%丹宁酸（鞣酸）溶液 2 mL

B 液：

碱性品红 11 g　　　95%酒精 100 mL

临用前取 A 液 9 mL 和 B 液 1 mL 混合均匀后使用。混合液装密封瓶内置冰箱几周仍可使用。

8. 0. 1%美蓝染色液（观察酵母和放线菌）

美蓝 0. 1 g　　　蒸馏水 100 mL

将美蓝溶入蒸馏水中即可。

9. 乳酸石碳酸染色液（观察霉菌形态）

乳酸（相对密度 1.2）20 g　　石炭酸 20 g

甘油（相对密度 1.25）40 g　　蒸馏水 40 mL

制法：石碳酸放入水中加热，慢慢加入乳酸和甘油。

10. 乳酸石炭酸棉蓝染色液（观察真菌用）

石炭酸（结晶酚）20 g　　乳酸（相对密度 1.21）20 mL　　甘油 40 mL

棉蓝 0.05 g　　蒸馏水 20 mL

制法：

（1）先将石碳酸加在蒸馏水中加热溶解，然后加入乳酸和甘油，最后加入棉蓝；

（2）微加热使其溶解，冷却后备用。

11. 甲基红试剂

甲基红（methyl read）0.04 g　　95%酒精 60 mL

蒸馏水 40 mL

制法：先将甲基红溶于 95%酒精中，然后加入蒸馏水即可。

12. V P 试剂

1）5% α-萘酚无水乙醇溶液

α-萘酚 5 g　　无水乙醇 100 mL

2）40%KOH 溶液

KOH 40 g　　蒸馏水 100 mL

13. 吲哚试剂

对二甲基氨基苯甲醛 2 g　　95%乙醇 190 mL

浓盐酸 40 mL

14. 格里斯（Griess）试剂

A 液：

对氨基苯磺酸 0.5 g　　10%稀醋酸 150 mL

B 液：

α-萘胺 0.1 g　　蒸馏水 20 mL　　10%稀醋酸 150 mL

15. 3%酸性乙醇溶液

浓盐酸 3 mL　　95%乙醇 97 mL

16. 中性红指示剂

中性红 0.04 g　　95%乙醇 28 mL　　蒸馏水 72 mL

中性红 pH6.8~8，颜色由红变黄，常用浓度为 0.04%。

17. 溴甲酚紫指示剂

溴甲酚紫 0.04 g　　0.01mol/L NaOH 7.4 g　　蒸馏水 92.6 mL

溴甲酚紫 pH5.2~6.8，颜色由黄变紫，常用浓度为 0.04%。

18. 溴麝香草酚蓝指示剂

溴麝香草酚蓝 0.04 g　　0.01 mol/L NaOH 6.4 mL

蒸馏水 93.6 mL

溴麝香草酚蓝 pH6.0~7.6，颜色由黄变蓝，常用浓度为0.04%。

19. 二苯胺试剂

二苯胺 0.5 g　　浓硫酸 100 mL　　蒸馏水 20 mL

制法：将二苯胺溶于浓硫酸中，再将此液倒入蒸馏水中稀释即可，保存于棕色瓶中。

20. 1%链霉素

取1 g装链霉素1瓶，用无菌注射器注入无菌水5 mL溶解后，从其中取出0.5 mL，加入9.5 mL无菌水中混匀即得。

21. 肝素溶液

用生理盐水将肝素分别稀释成25单位/毫升和200单位/mL，配好后，于115 ℃高压灭菌10 min，置4 ℃下备用。大约12.5单位肝素可抗凝1 mL全血。

22. 生理盐水

NaCl 0.9 g　　蒸馏水 100 mL

23. 1 mol/L NaOH 溶液

NaOH 40 g　　蒸馏水 1000 mL

24. 1 mol/L HCl 溶液

HCl（含量为38%）83.3 mL　　蒸馏水 916.7 mL

25. 姬姆萨（Giemsa）染液

姬姆萨染料 0.5 g　　甘油 33 mL　　甲醇 33 mL

将姬姆萨染料研细，后边加入甘油边继续研磨，最后加入甲醇混匀，56 ℃静置24 h即为姬姆萨贮存液。

临用前取1 mL姬姆萨贮存液加入磷酸缓冲液（pH7.2）20 mL，即为使用液。

Ⅲ　常用缓冲液的配制

1. 0.2 mol/L 磷酸缓冲液的配制

配制时，常先配制0.2 mol/L的NaH_2PO_4和0.2 mol/L的Na_2HPO_4，根据需要将两者按照一定比例混合（附表1），即可得不同pH的0.2 mol/L的磷酸缓冲液。

0.2 mol/L的NaH_2PO_4溶液：

$NaH_2PO_4 \cdot 2H_2O$相对分子质量为156.01，0.2 mol/L溶液含量为31.20 g/L。称取31.20 g的$NaH_2PO_4 \cdot 2H_2O$，用双蒸水溶解定容到1000 mL。

0.2 mol/L的Na_2HPO_4溶液：

$Na_2HPO_4 \cdot 2H_2O$相对分子质量为177.99，0.2 mol/L溶液含量为35.60 g/L。称取35.60 g的$Na_2HPO_4 \cdot 2H_2O$，用双蒸水溶解定容到1000 mL。

附表1　磷酸缓冲液配制表（0.2 mol/L）

pH	0.2 mol/L NaH_2PO_4/ mL	0.2 mol/L Na_2HPO_4/mL	pH	0.2 mol/L NaH_2PO_4/ mL	0.2 mol/L Na_2HPO_4/ mL
5.7	93.5	6.5	6.9	45.0	55.0

续表

pH	0.2 mol/L NaH_2PO_4/ mL	0.2 mol/L Na_2HPO_4/mL	pH	0.2 mol/L NaH_2PO_4/ mL	0.2 mol/L Na_2HPO_4/ mL
5.8	92.0	8.0	7.0	39.0	61.0
5.9	90.0	10.0	7.1	33.0	67.0
6.0	87.7	12.3	7.2	28.0	72.0
6.1	85.0	15.0	7.3	23.0	77.0
6.2	81.5	18.5	7.4	19.0	81.0
6.3	77.5	22.5	7.5	16.0	84.0
6.4	73.5	26.5	7.6	13.0	87.0
6.5	68.5	31.5	7.7	10.5	89.5
6.6	62.5	37.5	7.8	8.5	91.5
6.7	56.5	43.5	7.9	7.0	93.0
6.8	51.0	49.0	8.0	5.3	94.7

2. 0.2 mol/L 乙酸-乙酸钠缓冲液的配制

0.2 mol/L 乙酸：量取冰醋酸 12 mL，加入双蒸水定容至 1000 mL（乙酸，CH_3COOH，HOAc，相对分子质量为 60.05）。

0.2 mol/L 乙酸钠：称取三水乙酸钠 27.22 g，用双蒸水溶解，定容至 1000 mL（三水乙酸钠，$CH_3COONa \cdot 3H_2O$，相对分子质量为 136.08）。根据需要的 pH，按照附表 2 分别量取相应体积的溶液混匀即可。

附表 2　乙酸-乙酸钠缓冲液配制表（0.2 mol/L）

pH	0.2 mol/L 乙酸/mL	0.2 mol/L 乙酸钠/mL	pH	0.2 mol/L 乙酸/mL	0.2 mol/L 乙酸钠/mL
3.6	92.5	7.5	4.8	40.0	60.0
3.8	88.0	12.0	5.0	29.5	70.5
4.0	82.0	18.0	5.2	21.0	79.0
4.2	73.0	27.0	5.4	14.5	85.5
4.4	63.0	37.0	5.6	9.5	90.0
4.6	51.0	49.0	5.8	6.0	94.0

3. 0.05 mol/L 甘氨酸-氢氧化钠缓冲液的配制

根据需要的 pH，按照附表 3 中数值分别量取相应体积的溶液，加水稀释至 200 mL 混匀即可。甘氨酸相对分子质量为 75.07，0.2 mol/L 溶液中含甘氨酸 15.01 g/L 。

附表 3　甘氨酸-氢氧化钠缓冲液（0.05 mol/L）

pH	0.2 mol/L 甘氨酸/mL	0.2 mol/L 氢氧化钠/mL	pH	0.2 mol/L 甘氨酸/mL	0.2 mol/L 氢氧化钠/mL
8.6	50	4.0	9.6	50	22.4
8.8	50	6.0	9.8	50	27.2
9.0	50	8.8	10.0	50	32.0
9.2	50	12.0	10.4	50	38.6
9.4	50	16.8	10.6	50	45.5

4. 0.1 mol/L 柠檬酸-柠檬酸钠缓冲液的配制

0.1 mol/L 柠檬酸：称取一水柠檬酸 21.01 g，用双蒸水溶解，定容至 1000 mL（$C_6H_8O_7 \cdot H_2O$，相对分子质量为 210.14）。

0.1 mol/L 柠檬酸钠：称取柠檬酸钠 29.41 g，用双蒸水溶解，定容至 1000 mL（$Na_3C_6H_5O_7 \cdot 2H_2O$，相对分子质量为 294.12）。

根据需要的 pH，按照附表 4 分别量取相应体积的溶液混匀即可。

附表 4　柠檬酸-柠檬酸钠缓冲液配制表（0.1 mol/L）

pH	0.1 mol/L 柠檬酸/mL	0.1 mol/L 柠檬酸钠/mL	pH	0.1 mol/L 柠檬酸/mL	0.1 mol/L 柠檬酸钠/mL
3.0	18.6	1.4	5.0	8.2	11.8
3.2	17.2	2.8	5.2	7.3	12.7
3.4	16.0	4.0	5.4	6.4	13.6
3.6	14.9	5.1	5.6	5.5	14.5
3.8	14.0	6.0	5.8	4.7	15.3
4.0	13.1	6.9	6.0	3.7	16.3
4.2	12.3	7.7	6.2	2.8	17.2
4.4	11.4	8.6	6.4	2.0	18.0
4.6	10.3	9.7	6.6	1.4	18.6
4.8	9.2	10.8			

Ⅳ　常用抗生素母液的配制

1. 青霉素母液：氨苄青霉素（100 mg/ mL）

称取 1 g 氨苄青霉素钠盐于 10 mL 离心管中，加入无菌水溶解，最后定容至 10 mL。0.22 μm 滤菌器过滤，小份分装（1 mL/管）-20 ℃存放。

2. 红霉素母液（100 mg/ mL）

称取 1 g 粉末于 10 mL 离心管中，先用少量乙醇溶解，再用无菌水定容至 10 mL，配成 100 mg/ mL 母液，小份分装（1 mL/管）贮存（4 ℃可存放 2 周、-20 ℃可存放 3 个月）。

3. 庆大霉素母液（100 mg/ mL）

称取 1 g 庆大霉素硫酸盐粉末置于 10 mL 塑料离心管中。加入 9 mL 灭菌水，充分混合溶解之后定容至 10 mL。0. 22 μm 滤菌器过滤，小份分装（1 mL/管）-20 ℃存放。

4. 链霉素母液（streptomycin）（50 mg/ mL）

溶解 0. 5 g 链霉素硫酸盐于足量的无水乙醇中，最后定容至 10 mL。分装成小份（1 mL/管）于-20 ℃贮存。

V 各种媒染剂的作用

各种媒染剂的作用见附表 5。

附表 5 各种媒染剂的作用

媒染液名称	作用
醋酸（少量）	增加曙红、胭脂红的染色
氯化钡（2%～4%）	酸性染色剂的染色
硅钨酸（4%水溶液）	碱性染色剂的染色
碳化锂（少量）	增进碱性染料染色
碘和苦味酸	各种紫色媒染，染色后使用

Ⅵ 常用干燥剂

常用干燥剂见附表 6。

附表 6 常用干燥剂

用途	常用干燥剂名称
气体的干燥	石灰，无水 $CaCl_2$，P_2O_5，浓 H_2SO_4，KOH
流体的干燥	P_2O_5，浓 H_2SO_4，无水 $CaCl_2$，无水 K_2CO_3 KOH，无水 Na_2SO_4，无水 $MgSO_4$，无水 $CaSO_4$，金属钠
干燥剂中的吸水	P_2O_5，浓 H_2SO_4，无水 $CaCl_2$，硅胶
有机溶剂蒸汽干燥	石蜡片
酸性气体的干燥	石灰，KOH，NaOH
碱性气体的干燥	浓 H_2SO_4，P_2O_5

Ⅶ 微生物学实验中常用消毒剂

一、常用消毒剂

常用消毒剂见附表7。

附表7 常用消毒剂

名称	常用浓度	作用机制	用途
乙醇	70%~75%	蛋白质变性与凝固、干扰代谢	皮肤、物体表面消毒
苯酚	3%~5%	蛋白质变性、损伤细胞膜、灭活酶类	地面、器具表面消毒
甲酚	2%~5%	蛋白质变性、损伤细胞膜、灭活酶类	皮肤消毒
新洁尔灭	1%	损伤细胞膜、灭活氧化酶、蛋白质沉淀	外科手术洗手、皮肤黏膜消毒、浸泡器械
甲醛	10%	菌体蛋白、核酸的烷基化	物体表面、空气消毒
硫柳汞	0.1%	氧化作用、蛋白质变性与沉淀、灭活酶类	皮肤、手术部位消毒
过氧化氢	3%	氧化作用、蛋白质沉淀	创口、皮肤黏膜消毒
过氧乙酸	0.2%~0.3%	氧化作用、蛋白质沉淀	塑料、玻璃器材消毒
漂白粉	10%	氧化作用	地面、排泄物消毒
碘酒	2.5%	氧化作用	皮肤消毒
碘伏	1%	氧化作用	皮肤消毒
龙胆紫	2%~4%	干扰氧化过程	浅表创伤消毒
硝酸银	0.1%~1%	蛋白质沉淀	新生儿眼睛防治淋病奈瑟氏球菌感染致盲

二、常用消毒剂和杀菌剂的配制及作用特点

1. 消毒乙醇（常用75%）

（1）无水乙醇75 mL　　　　水25 mL

（2）95%乙醇79 mL　　　　水21 mL

作用特点：乙醇分子具有很强的渗透力，能穿过细菌表面的膜，进入细菌内部，使构成细菌生命基础的蛋白质凝固，将细菌杀死。乙醇对分枝杆菌具有强大的杀灭作用，但不能杀灭芽孢。

2. 84消毒液（常用0.2%~0.5%）

（1）0.5%的84消毒溶液：

84消毒剂原液100 mL　　　　水1000 mL

（2）0.2%的84消毒溶液：

84消毒剂原液160 mL　　　　水4000 mL

作用特点：84消毒液是主要用于环境和物体表面消毒的含氯消毒剂，含有强力去污成分，可杀灭肠道致病菌、化脓性球菌、细菌芽孢和病毒。

3. 过氧化氢溶液（常用3%）

30%过氧化氢100 mL　　　　蒸馏水900 mL

作用特点：过氧化氢消毒液的主要成分是过氧化氢，具有很强的氧化能力，与细菌接触时，能破坏细菌菌体，杀死细菌。3%的过氧化氢溶液可以有效消灭包括芽孢在内的所有微生物。

4. 碘酒（常用2.5%）

碘2.5 g　　　碘化钾1.25 g　　　95%乙醇100 mL

作用特点：碘酒可以使菌体蛋白质变性。碘酒有强大的杀灭病原体作用，可以杀死细菌、细菌的芽孢、真菌、病毒、阿米巴原虫等。亦可用来治疗许多细菌性、真菌性、病毒性等皮肤病。

5. 漂白粉消毒溶液（常用1%~3%）

漂白粉原粉10 g　　　　水1000 mL

作用特点：含氯消毒剂，有氯气臭味，具有较强的消毒杀菌能力，能杀死细菌、病菌和芽孢，在酸性环境中杀菌作用强，碱性环境则作用减弱。

漂白粉消毒液应现配现用，对金属及衣物有轻度腐蚀性，对组织（皮肤和黏膜）有一定刺激性。

6. 甲酚（来苏儿）（常用2%）

50%来苏儿40 mL　　　　水960 mL

作用特点：来苏儿又称煤酚皂溶液、甲酚皂溶液，是一种酚类消毒剂。对细菌繁殖体、真菌、亲脂性病毒有一定的杀灭能力，对芽孢、亲水性病毒无作用或作用很小。结核杆菌对来苏儿有抵抗力。

7. 新洁尔灭（常用0.25%）

5%新洁尔灭5 mL　　　　水95 mL

作用特点：新洁尔灭为常用的阳离子表面活性剂，兼有杀菌和清洁去污两种作用。对多数革兰氏阳性菌、阴性菌均有杀灭作用，但不能杀死结核杆菌和霉菌，对病毒的灭活效果较差。新洁尔灭还有脱脂、去污等作用，有助于皮肤和器械的消毒。

Ⅷ　玻璃器皿及玻片洗涤法

一、玻璃器皿洗涤法

清洁的玻璃器皿是得到正确实验结果的重要条件之一，由于实验目的不同，对各种器皿的清洁程度的要求也不同。

任何洗涤方法，都不应对玻璃器皿有所损伤，所以不能用有腐蚀作用的化学药剂，也不能使用比玻璃硬度大的物品来擦拭玻璃器皿。

一般新的玻璃器皿用2%的盐酸溶液浸泡数小时，用水冲洗干净。

用过的器皿应立即洗涤，有时放置太久会增加洗涤难度。

难洗涤的器皿不要与易洗涤的器皿放在一起。有油的器皿不要与无油的器皿放在一起，否则使本来无油的器皿也沾上了油垢，浪费药剂和时间。

（1）一般玻璃器皿（如锥形瓶、培养皿、试管等）可用毛刷及去污粉或肥皂洗去灰尘、油垢、无机盐类等物质，然后用自来水冲洗干净。少数实验要求高的器皿，可先在洗液中浸泡数 10 min，再用自来水冲洗。最后用蒸馏水洗 2～3 次。以水在内壁能均匀分布成一薄层而不出现水珠，为油垢除尽的标准。洗刷干净的玻璃仪器烘干备用。

（2）用过的器皿应立即洗刷，放置太久会增加洗刷的难度。染菌的玻璃器皿（培养细菌的培养皿、试管），应先经 121 ℃高压蒸汽灭菌 20～30 min 后取出，趁热倒出容器内之培养物，再用热肥皂洗刷干净，用水冲洗。带菌的移液管和毛细吸管，应立即放入 84 消毒液中浸泡数小时，先灭菌，然后再用水冲洗，有些实验，还需要用蒸馏水进一步冲洗。

① 如果器皿沾有煤膏、焦油及树脂类的一些物质，可用浓硫酸或 40%的氢氧化钠液洗，或用洗涤液浸泡。

② 当器皿上沾有蜡或油漆等物质，用加热方法使之融化揩去，或用有机溶剂（苯、二甲苯、丙酮、松节油等）拭揩。

③ 含有琼脂培养基的器皿，可先用小刀或铁丝将器皿中的琼脂培养基刮去，或把它们用水蒸煮，待琼脂融化后趁热倒出，然后用水洗涤。

④ 新购置的玻璃器皿含有游离碱，一般先用 2%盐酸或洗液浸泡数小时后，再用水冲洗干净，新的载玻片和盖玻片先浸入肥皂水（或 2%盐酸）内 1 h，再用水洗净，以软布擦干后浸入滴有少量盐酸的 95%乙醇中，保存备用。已用过的带有活菌的载玻片或盖玻片可先浸在 84 消毒液中消毒，再用水冲洗干净，擦干后，浸入 95%乙醇中保存备用。

⑤ 凡遇有传染性材料的器皿，应经高压灭菌后再进行洗涤。

⑥ 洗涤后的器皿应达到玻璃能被水均匀湿润而无条纹和水珠。

二、玻片洗涤法

细菌染色的玻片，必须清洁无油，清洗方法如下：

（1）新购置的载玻片，先用 2%盐酸浸泡数小时，冲去盐酸后放浓洗液中浸泡过液，再用自来水冲净洗液，浸泡在蒸馏水中或擦干装盒备用。

（2）用过的载片，先用纸擦去镜油，再放入洗衣粉液中煮沸，稍冷后取出。逐个用清水洗净，放浓洗液中浸泡 24 h，控去洗液，用自来水冲洗，蒸馏水浸泡。

（3）用于鞭毛染色的玻片，经以上步骤清洗后，应选择表面光滑无伤痕者，浸泡在 95%的乙醇中暂时存放，用时取出，用干净纱布擦去酒精，并经过火焰微热，使残余的酒精挥发，再用水滴检查，如水滴均散开，方可使用。

（4）洗净的玻片，最好及时使用，以免空气中飘浮的油污沾染，长期保存的干净玻片，用前应再次洗涤后方可使用。

（5）盖片使用前，可用洗衣粉或洗液浸泡，洗净后再用 95%乙醇浸泡，擦干备用，用过的盖片也应及时洗净擦干保存。

三、洗涤液的配制与使用

1. 洗涤液的配制

洗涤液分浓溶液与稀溶液两种，配方如下：

（1）浓溶液：重铬酸钠或重铬酸钾（工业用）50 g
自来水 150 mL
浓硫酸（工业用）800 mL

（2）稀溶液：重铬酸钠或重铬酸钾（工业用）50 g
自来水 850 mL
浓硫酸（工业用）100 mL

配法：将重铬酸钠或重铬酸钾先溶解于自来水中，可慢慢加温，使溶解，冷却后徐徐加入浓硫酸，边加边搅动。配好后的洗涤液应是棕红色或橘红色。贮存于有盖容器内。

2. 原理

重铬酸钠或重铬酸钾与硫酸作用后形成铬酸，铬酸的氧化能力极强，因而此液具有极强的去污作用。

3. 使用注意事项

（1）洗涤液中的硫酸具有强腐蚀作用，玻璃器皿浸泡时间太长，会使玻璃变质，因此要及时将器皿取出冲洗。洗涤液若沾污衣服和皮肤应立即用水洗，再用苏打水或氨液洗；如果溅在桌椅上，应立即用水洗去或湿布抹去。

（2）玻璃器皿投入前，应尽量干燥，避免洗涤液稀释。

（3）此液的使用仅限于玻璃和瓷质器皿，不适用于金属和塑料器皿。

（4）有大量有机质的器皿应先行擦洗，然后再用洗涤液，因为有机质过多会加快洗涤液失效。此外，洗涤液虽为很强的去污剂，但也不是所有的污迹都可清除。

（5）盛洗涤液的容器应始终加盖，以防氧化变质。

（6）洗涤液可反复使用，但当其变为墨绿色时即已失效，不能再用。

Ⅸ 菌种名称及各国主要菌种保藏机构

菌种名称及各国主要菌种保藏机构见附表 8 和附表 9。

附表 8 菌种名称

中文名	拉丁名
黑曲霉菌	*Aspergillus niger*
曲菌	*Aspergillus sp.*
圆褐色固氮菌	*Azotobacter chroococcum*
芽孢杆菌属	*Bacillus*
巨大芽孢杆菌	*Bacillus megatherium*
枯草芽孢杆菌	*Bacillus subilis*
苏云金芽孢杆菌	*Bacillust huringiensis* 缩写 *Bt*

续表

中文名	拉丁名
产气杆菌	*Enterobacter aerogenes*
毛霉	*Mucor sp.*
青霉	*Penicillium sp.*
产黄青霉	*Penicillium Chrysogenum*
普通变形杆菌	*Proteus vulgaris* 或 *P. vulgaris*
根霉	*Rhizopus sp.*
黑根霉	*Rhizopus nigricans*
啤酒酵母	*Saccharomyces cerevisiae*
金黄色葡萄球菌	*Staphylococcus aureus*
灰色链霉菌	*Streptomyces griseus*

附表 9　各国主要菌种保藏机构

序号	保藏机构（单位）名称	保藏机构缩写
1	中国普通微生物菌种保藏管理中心（中国科学院武汉病毒研究）	CGMCC
2	中国普通微生物菌种保藏管理中心（中国科学院微生物研究所）	CGMCC
3	中国农业微生物菌种保藏管理中心（中国农业科学院土壤与肥料研究所）	ACCC
4	中国工业微生物菌种保藏管理中心（中国食品发酵工业研究所）	CICC
5	中国医学细菌保藏管理中心（中国医学科学院皮肤病研究所）	CMCC
6	中国医学细菌保藏管理中心（卫生部药品生物制品鉴定所）	CMCC
7	中国医学细菌保藏管理中心（病毒基因工程国家重点实验室（中国预防医学科学院病毒学研究所））	CMCC
8	中国医学细菌保藏管理中心（医药生物技术研究所（中国医学科学院医药生物技术研究所））	CMCC
9	中国药用微生物菌种保藏管理中心（四川抗菌素工业研究所）	CPCC
10	中国药用微生物菌种保藏管理中心（华北制药厂抗生素研究所）	CPCC
11	中国药用微生物菌种保藏管理中心（中国医学科学院医药生物技术研究所）	CPCC
12	中国兽医微生物菌种保藏管理中心（中国兽医药品监察所（农业部兽药监察研究所））	CVCC
13	中国林业微生物菌种保藏管理中心（中国林业科学院林业研究所）	CFCC
14	中国典型培养物保藏中心（武汉大学保藏中心）	CCTCC
15	中国海洋微生物菌种保藏管理中心（自然资源部第三海洋研究所）	MCCC
16	中国科学院武汉病毒研究所微生物菌（毒）种保藏中心（中国科学院武汉病毒研究所）	MVCCC
17	法国巴斯德学院收藏室	CIP

续表

序号	保藏机构（单位）名称	保藏机构缩写
18	法国国家微生物保藏中心	CNCM
19	法国模式微生物保藏中心	CCTM
20	美国模式菌种保藏中心	ATCC
21	美国农业研究菌种保藏中心	NRRL
22	英国国家菌种保藏中心	UKNCC
23	英国国立模式菌种收藏馆	NCTC
24	英联邦真菌研究所	CMI
25	英国国立工业细菌收藏所	NCIB
26	欧盟微生物保藏中心	ECACC
27	英国酵母培养物国家保藏中心	NCYC
28	英国国家病原性病毒保藏中心	NCPV
29	英国国立模式菌种收藏馆	NCTC
30	英国 CABI 基因资源保藏处	CABI
31	德国微生物菌种保藏中心	DSMZ
32	德国微生物研究所菌种收藏室	KIM
33	德国科赫研究所	RKI
34	荷兰微生物菌种保藏中心	CBS
35	世界菌种保藏联合会	WFCC
36	加拿大国家科学研究委员会	NRC
37	加拿大 Alberta 大学霉菌标本室	UAMH
38	加拿大农业与农业食品真菌保藏中心	CCFC
39	新西兰植物病害真菌保藏部	PDDCC
40	日本技术评价研究所专利微生物保藏中心	NPMD
41	日本微生物菌种保藏联合会	JFCC
42	日本微生物保藏中心	JCM
43	全俄微生物保藏中心	VKM
44	瑞典哥德堡大学保藏中心	CCUG
45	台湾微生物保藏研究中心	CCRC
46	台湾 Arocret 集团公司	AGO
47	古巴国家生物制剂中心	BIOCC
48	捷克微生物保藏中心	CCCM
49	西班牙农作物相关微生物保藏部	CECT
50	意大利实验室细胞系收藏室	ICLC
51	澳大利亚 IFM 质量服务有限公司	IFM

续表

序号	保藏机构（单位）名称	保藏机构缩写
52	比利时卫生与流行病学真菌学研究所	IHEM
53	比利时 LMBP 血浆收藏室	LMBP
54	比利时根特大学微生物保藏中心	LMG
55	比利时鲁汶大学真菌学中心	NUCL
56	比利时国家工业食品海洋细菌保藏中心	NCIMB

X　相对密度、糖度换算表

相对密度、糖度换算见附表 10。

附表 10　相对密度、糖度换算表

波美度（Baume）	相对密度	糖度（Brix）	波美度（Baume）	相对密度	糖度（Brix）
1	1.007	1.8	24	1.200	43.9
2	1.015	3.7	25	1.210	45.8
3	1.002	5.5	26	1.220	47.7
4	1.028	7.2	27	1.231	49.6
5	1.036	9.0	28	1.241	51.5
6	1.043	10.8	29	1.252	53.5
7	1.051	12.6	30	1.263	55.4
8	1.059	14.5	31	1.274	57.3
9	1.067	16.2	32	1.286	59.3
10	1.074	18.0	33	1.2697	61.2
11	1.082	19.8	34	1.309	63.2
12	1.091	21.7	35	1.321	65.2
13	1.099	23.5	36	1.333	67.1
14	1.107	25.3	37	1.344	68.9
15	1.116	27.2	38	1.356	70.8
16	1.125	29.0	39	1.368	72.7
17	1.134	30.8	40	1.380	74.5
18	1.143	32.7	41	1.392	76.4
19	1.152	34.6	42	1.404	78.2
20	1.161	36.4	43	1.417	80.1
21	1.171	38.3	44	1.429	82.0
22	1.180	40.1	45	1.442	83.8
23	1.190	42.0	46	1.455	85.7

XI 实验用缩写名称对照表

实验用缩写名称对照表见附表 11。

附表 11 实验用缩写名称对照表

缩写	名称	缩写	名称
tRNA	转移 RNA transfer	Ala	丙氨酸 alanine
cDNA	互补 DNA complementary DNA	Arg	精氨酸 arginine
dATP	脱氧腺苷三磷酸 deoxyadenosine triphosphate	Asn	天冬酰胺 asparagine
LDH	乳酸脱氢酶 lactate dehydrogenase	Asp	天冬氨酸 aspartic acid
dCTP	脱氧胞苷三磷酸 deoxycytidine triphosphate	Cys	半胱氨酸 cysteine
dGTP	脱氧鸟苷三磷酸 deoxyguanosine triphosphate	Leu	亮氨酸 leucine
dNTP	脱氧核苷三磷酸 deoxynucleoside triphosphate	Trp	色氨酸 tryptophan
dTTP	脱氧胸苷三磷酸 deoxythymidine triphosphate	Ser	丝氨酸 serine
DTT	二硫苏糖醇 dithiothreitol	Phe	苯丙氨酸 phenylalanine
EB（EtBr）	溴化乙锭 ethidium bromide	Gln	谷氨酰胺 glutamine
EDTA	乙二胺四乙酸 ethylenediamine tetraacetic acid	Glu	谷氨酸 glutamic acid
EtOH	乙醇 ethanol	Gly	甘氨酸 glycine
PEG	聚乙二醇 polyethylene glycol	His	组氨酸 histidine
Pfu	噬菌斑形成单位 plaque-forming unit	Lys	赖氨酸 lysine
BSA	牛血清清蛋白 bovine serum albumin	Ile	异亮氨酸 isoleucine
tRNA	核蛋白体 RNA ribosomal RNA	Thr	苏氨酸 threonine
SDS	十二烷基磺酸钠 sodium dodecyl sulfate	Tyr	酪氨酸 tyrosine
PCR	聚合酶链式反应 polymerase chain reaction	Val	缬氨酸 valine
TE	Tris-EDTA 缓冲液 Tris-EDTA buffer	Pro	脯氨酸 proline
NAD	烟酰胺腺嘌呤二核苷酸（辅酶 I） nicotinamide adenine dinucleotide	Met	蛋氨酸（甲硫氨酸） methionine
NADH	还原型烟酰胺腺嘌呤二核苷酸（还原型辅酶 I） reduced nicotinamide adenine dinucleotide		
PAGE	聚丙烯酰胺凝胶电泳 Polyacrylamide gel electrophoresis		

XII 实验常用中英名词对照表

实验常用中英名词对照表见附表12。

附表12 实验常用中英名词对照表

一画	23. 无菌操作（无菌技术）aseptic technique
1. EMB培养基 eosin methylene blue medium	24. 比浊法 turbidimetry
2. V.P.试验 Voges-Proskauer test	25. 气生菌丝 aerial hypha（复：hyphae）
三画	26. 水浸法 wet-mount method
3. 子囊 ascus（复：asci）	27. 牛肉膏蛋白胨培养基 beef extract peptone medium
4. 子囊孢子 ascospore	28. 计数室 counting chamber
5. 小梗 sterigma	五画
6. 干热灭菌 hot oven sterilization	29. 卡那霉素 kanamycin
7. 干燥箱 drying oven	30. 发酵液 fermentation solution
8. 马丁培养基 Martin's medium	31. 四环素 tetracycline
9. 马铃薯葡萄糖培养基 Potato extract glucose medium	32. 对流免疫电泳 counter immuoelectrophoresis
四画	33. 平板 Plate
10. 专性厌氧菌 obligate anaerobe	34. 平板划线 streak plate
11. 中性红 neutral red	35. 平板菌落计数法 enumeration by platecount method
12. 分生孢子 conidium（复：conidia）	36. 目镜测微尺 Ocular micrometer
13. 分生孢子梗 conidiophore	37. 生长曲线 growth curve
14. 分离 isolation	38. 发酵液 fermentation solution
15. 分辨率（清晰度）resoiving power（resolution）	39. 甲基红（M.R.）试验 methyl red test
16. 双筒显微镜 biocular microscope	40. 灭菌 sterilization
17. 孔雀绿 malachite green	41. 石炭酸（酚）Phenol
18. 巴斯德消毒法 Pasteurization	42. 立克次氏体 Rickettsia
19. 支原体 mycoplasma	43. 节孢子 arthrospore
20. 无性繁殖 vegetative propagation	六画
21. 无菌水 sterile water	44. 产氨试验 production of ammonia test
22. 无菌移液管 sterile pipette	45. 划线培养 streak culture

续表

六画	69. 抗原 antigen
46. 厌氧细菌 anaerobic bacteria	70. 抗菌谱 antibiotic spectrum
47. 厌氧培养法 anaerobic culture method	71. 杜氏小管 Durbam tube
48. 吕氏美蓝液 Loeffler's methylene blue	72. 来苏尔 lysol
49. 多黏菌素 Polymyxin	73. 沉淀反应 precipitation reaction
50. 好氧细菌 aerobic bacterium（复：bacteria）	74. 沉淀原 precipinogen
51. 异养微生物 heterotrophic microbe	75. 沉淀素 precipitin
52. 异染粒 metachromatic	76. 纯化 purification
53. 有性繁殖 sexual reproduction	77. 芽孢 spore
54. 血细胞计数板 haemocytometer	78. 芽孢染色 spore stain
55. 衣原体 Chlamydia	79. 豆芽汁葡萄糖培养基 soybean sprout extract glucose medium
56. 负染色 negative stain	80. 阿须贝无氮培养基 Ashby medium
57. 齐氏石炭酸复红染液 Ziehl's carbolfuchsin	八画
七画	81. 乳酸石炭酸液 lactophenol solution
58. 伴孢晶体 parasporal crystal	82. 乳糖发酵 lactose fermentation
59. 免疫血清 Immune serum	83. 乳糖蛋白胨培养基 lactose peptone medium
60. 利夫森氏鞭毛染色 Leifson's flagella stain	84. 单菌落 single colony
61. 吲哚试验 indole test	85. 单筒显微镜 monocular microscope
62. 局限性转导 specialized transduction	86. 固氮作用 nitrogen fixation
63. 抑制剂 indhibitor	87. 国际单位制 International system of units，SI
64. 抑菌圈 zone of inhibition	88. 奈氏试剂 Nessler's reagent
65. 抗生素 antibiotics	89. 孢子囊 sporangium（复：sporangia）
66. 抗生素发酵 antibotic fermentation	90. 孢子囊柄 sporangiophore
67. 抗血清 antiserum	91. 孢囊孢子 sporangiospore

续表

68. 抗体 antibody	92. 明胶液化试验 gelatin liguefaction test
八画	117. 革兰氏阴性菌 Gram-negative bacteria，G^-
93. 杯碟法 cylinder-plate method	118. 革兰氏染色 Gram stain
94. 油镜 oil immersion	119. 革兰氏碘液 Gram's iodine solution
95. 物镜 objective，objective lens	120. 香柏油 cedar oil
96. 细调节器 fine adjustment	十画
97. 肽聚糖 peptidoglycan	121. 倾注法 pour-plate method
98. 苯胺黑（黑色素）nigrosin	122. 兼性厌氧菌 faculative anaerobe
99. 转导 tramsduction	123. 原生质体 protoplast
100. 转导子 transductant	124. 振荡培养 shake culture
九画	125. 根瘤菌 nodule bacteria
101. 匍匐枝 stolon	126. 氨苄青霉素 ampicillin
102. 厚垣孢子 chalmydospore	127. 涂抹培养 smearing culture
103. 垣酸 teichoic acid	128. 涂布器（刮刀）scraper
104. 复染 counterstain	129. 清毒 desomfectopm
105. 恒温箱 incubator	130. 消毒剂 disinfectant
106. 挑菌落 colony selection	131. 真菌 fungi
107. 柠檬酸盐培养基 citrate medium	132. 胰蛋白胨 bacto-tryptone
108. 测微尺 micrometer	133. 载片 slide
109. 相差显微镜 phase contrast microscope	134. 酒精发酵 alcoholic fermentation
110. 穿刺培养 stab culture	135. 高氏一号合成培养基 Gause's No. 1 synthetic medium
111. 细晶紫 crystal violet	136. 高压蒸汽灭菌 high pressure steam sterilization
112. 耐氧细菌 aerotolerant bacteria	十一画
113. 荚膜染色 capsule stain	137. 假根 rhizine
114. 诱变剂 mutagenic agent	138. 假菌丝 pseudohypha
115. 诱变效应 mutagenic effect	139. 培养皿 petri dish
116. 革兰氏阳性菌 Gram-positive bacteria，G^+	

XIII 微生物常用计量单位

微生物常用计量单位见附表 13~附表 16。

附表 13 长度计量单位

单位名称	英文名称	单位符号	换算
厘米	centimeter	cm	
毫米	millimeter	mm	10^{-1} cm
微米	micrometer	μm	10^{-4} cm 或 10^{-3} mm
纳米	Nanometer	nm	10^{-7} cm 或 10^{-3} μm
埃	Anstrong	Å	10^{-8} cm 或 10^{-1}nm
皮米	Picrometer	pm	10^{-10} cm 或 10^{-3}nm

附表 14 重量计量单位

单位名称	英文名称	单位符号	换算
千克	Kilogram	kg	
克	Gram	g	10^{-3} kg
毫克	Milligram	mg	10^{-6} kg 或 10^{-3} g
微克	Microgram	μg	10^{-9} kg 或 10^{-3} mg
纳克	Nanogram	ng	10^{-12} kg 或 10^{-3} μg
皮克	Picrogram	pg	10^{-15} kg 或 10^{-3} ng

附表 15 容量计量单位

单位名称	英文名称	单位符号	换算
升	Liter	L（1）	
毫升	Milliliter	mL	10^{-3} L
微升	Macroliter	μL	10^{-6} L 或 10^{-3} mL

附表 16 摩尔数与摩尔浓度法

名称		浓度单位		
中文	英文	单位符号	符号	换算
摩尔	Mole	mol	mol/L	1 mol/L
毫摩尔	Millmole	mmol	mmol/L	10^{-3} mol/L
微摩尔	Micromole	μmol	μmol/L	10^{-6} mol/L
纳摩尔	Nanomole	nmol	nmol/L	10^{-9} mol/L
皮摩尔	Picromole	pmol	pmol/L	10^{-12} mol/L

参考文献

[1] 黄秀梨. 微生物学实验指导 [M]. 北京：高等教育出版社，1999.

[2] 诸葛建，王正祥. 工业微生物实验技术手册 [M]. 北京：中国轻工业出版社，1994.

[3] 钱存柔，黄仪秀. 微生物学实验教程 [M]. 北京：北京大学出版社，1999.

[4] 陈金春，陈国强. 微生物学实验指导 [M]. 北京：清华大学出版社，2005.

[5] 宋大新，范长胜，徐德强. 微生物学实验技术教程 [M]. 上海：复旦大学出版社，1993.

[6] 沈萍，范秀容，李广斌. 微生物学实验 [M]. 3 版. 北京：高等教育出版社，2001.

[7] 杨新美. 中国食用菌栽培学 [M]. 北京：农业出版社，1988.

[8] 张松. 食用菌学 [M]. 广州：华南理工大学出版社，2000 .

[9] 周德庆. 微生物学教程 [M]. 北京：高等教育出版社，2002.

[10] 周庭银，赵虎. 临床微生物学诊断与图解 [M]. 上海：上海科学技术出版社，2001.

[11] 唐丽杰. 微生物学实验 [M]. 哈尔滨：哈尔滨工业大学出版社，2005.

[12] 陈林林，韩可，李伟，等. 亚硝酸盐检测方法的研究进展 [J]. 食品安全质量检测学报，2019，10 (11)：3430-3435.

[13] 周德庆，徐德强 . 微生物学实验教程 [M]. 北京：高等教育出版社，2013.

[14] 袁丽红 . 微生物学实验 [M]. 北京：化学工业出版社，2010.

[15] 蔡信之，黄君红. 微生物学实验 [M]. 北京：科学出版社，2010.

[16] 沈萍，陈向东. 微生物学实验 [M]. 4 版. 北京：高等教育出版社，2007.

[17] 咸洪泉，郭立忠，李树文. 微生物学实验 [M]. 北京：高等教育出版社，2018.

[18] 赵斌，何绍江. 微生物学实验教程 [M]. 北京：高等教育出版社，2013.

[19] 程丽娟，薛泉宏. 微生物学实验技术 [M]. 北京：科学出版社，2012.

[20] 高海春，吴根福. 微生物学实验简明教程 [M]. 北京：高等教育出版社，2015.

[21] 沈萍，陈向东. 微生物学实验 [M]. 5 版. 北京：高等教育出版社，2018.

[22] 石若夫. 微生物学实验技术 [M]. 北京：北京航空航天大学出版社，2017.

[23] 中华人民共和国国家标准 葡萄酒 GB 15037—2006 [S]. 北京：中国标准出版社，2007.

[24] 中华人民共和国国家标准 生活饮用水卫生标准 GB 5749—2006 [S]. 北京：中国标准出版社，2007.

[25] 中华人民共和国国家标准 生活饮用水标准检验方法微生物指标 GB/T 5750. 12—2006 [S]. 北京：中国标准出版社，2007.

[26] 中华人民共和国国家标准 蛋白酶制剂 GB/T 23527—2009 [S]. 北京：中国标准出版社，2009.

[27] 站立克，刘韋太. 一种生芽孢培养基——淡薄培养 [J]. 微生物学报，1977，17 (4)：343-347.

[28] 齐香君，苟金霞，韩戌珺，等. 3,5-二硝基水杨酸比色法测定溶液中还原糖的研究 [J]. 纤维素与技术，2004，12 (3)：17-19.

[29] 何玉林，郭晓青，马兴铭. 完善和提高微生物实验教学中的绘图技能 [J]. 基础医学教育，2002，2 (4)：294

[30] 顾金刚，姜瑞波. 微生物资源保藏机构的职能、作用与管理举措分析 [J]. 中国科技资源导刊，2008，40 (5)：53-57.

[31] 马海霞，梁慧刚，黄翠，等. 我国菌种保藏机构的现状与未来 [J]. 军事医学，2018，42 (4)：304-308.

[32] 占萍，刘维达. 真菌菌种保藏机构的历史、现状及展望 [J]. 中国真菌学杂志，2014，9 (6)：355-358..

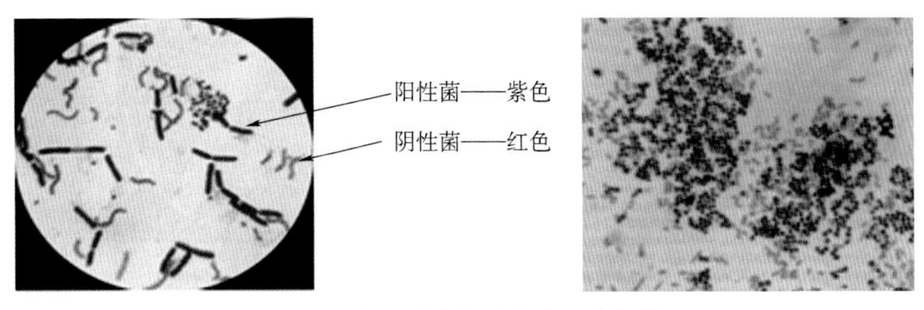

图Ⅲ-2　革兰氏染色法操作及染色结果

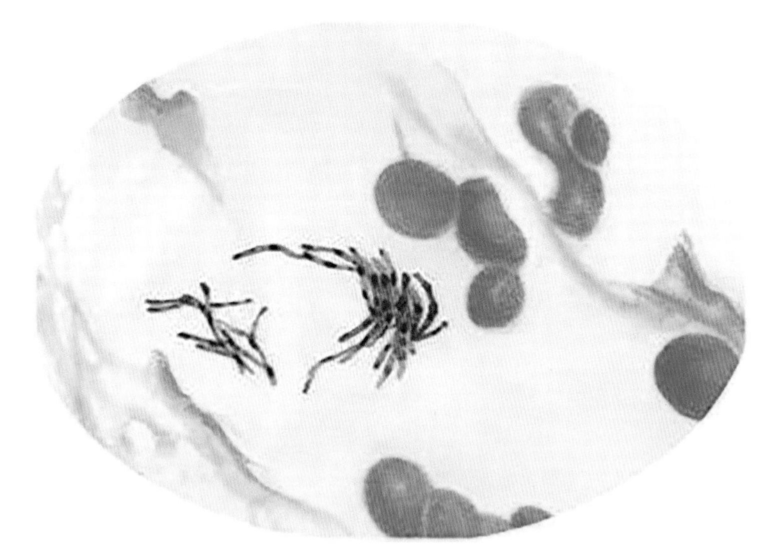

图Ⅲ-3　抗酸染色结果

(图片来源于网络)

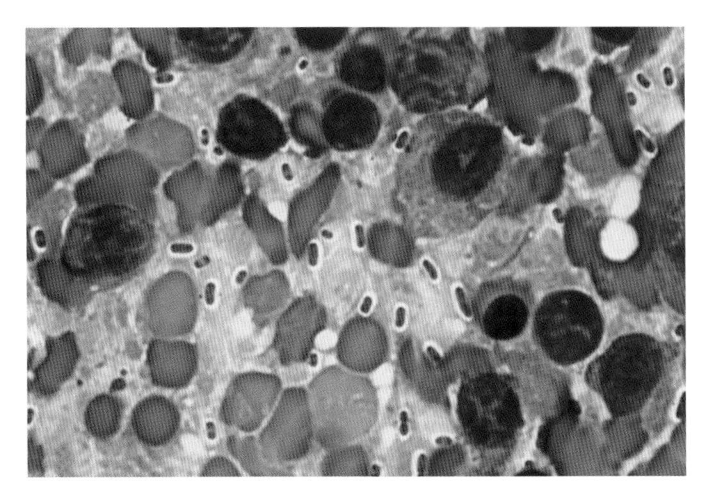

图Ⅲ-4　荚膜染色结果

(图片来源于网络)

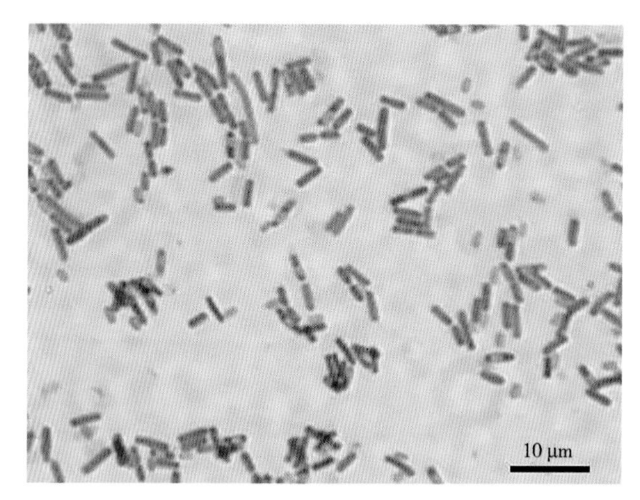

图Ⅲ-5　芽孢染色结果

(图片来源于网络)

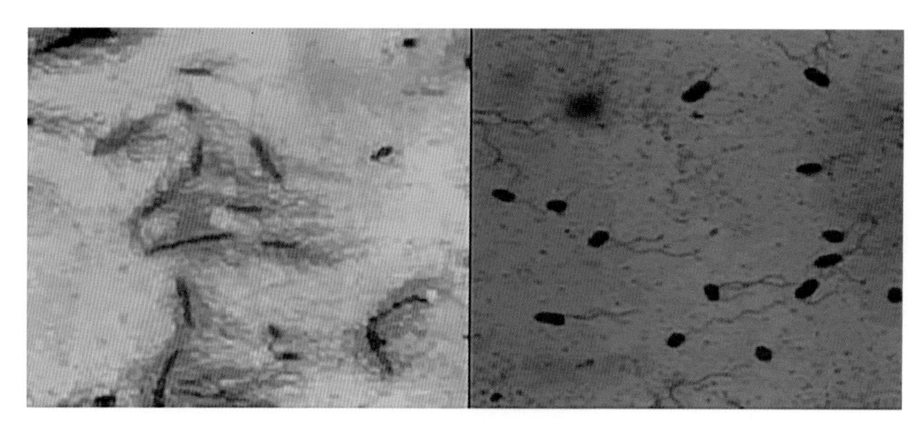

图Ⅲ-6　鞭毛染色结果

(图片来源于网络)

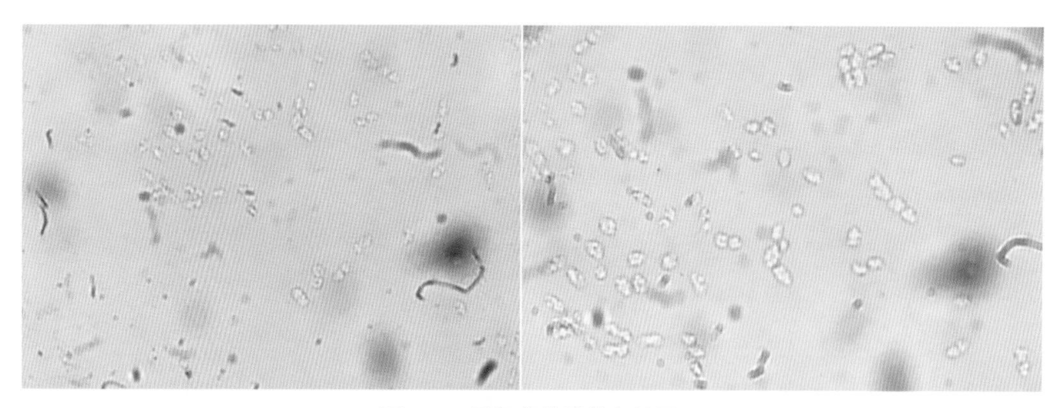

图 1-1　固氮菌荚膜染色结果

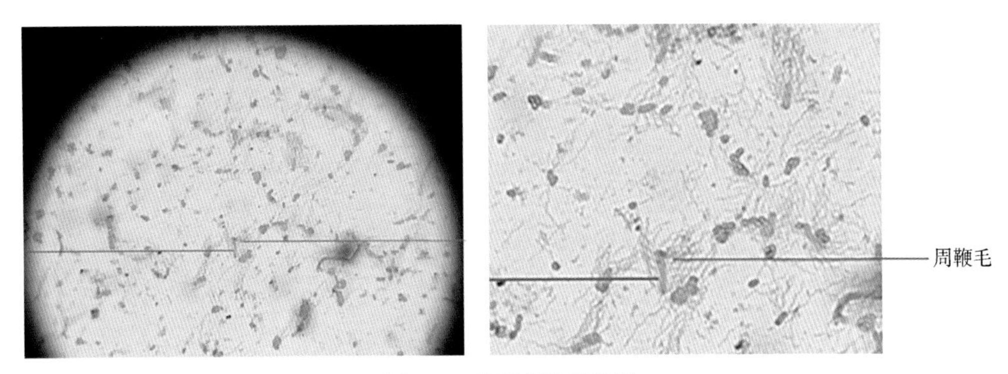

图 1-2　变形杆菌周鞭毛

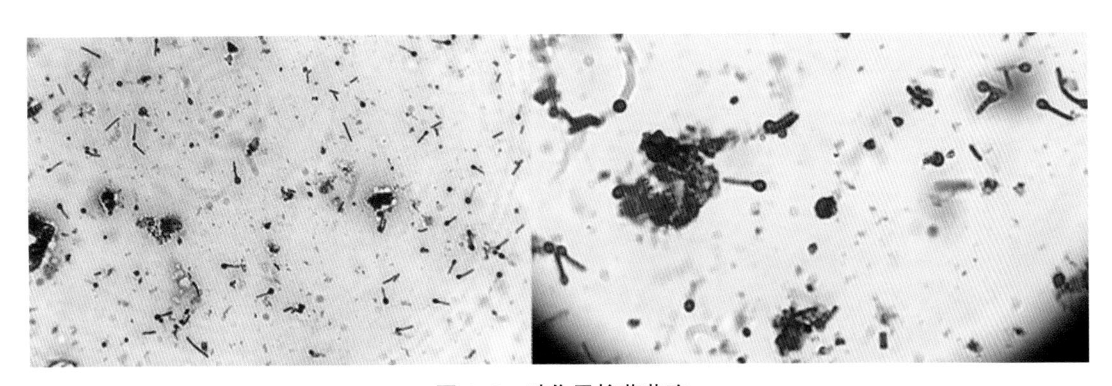

图 1-3　破伤风梭菌芽孢

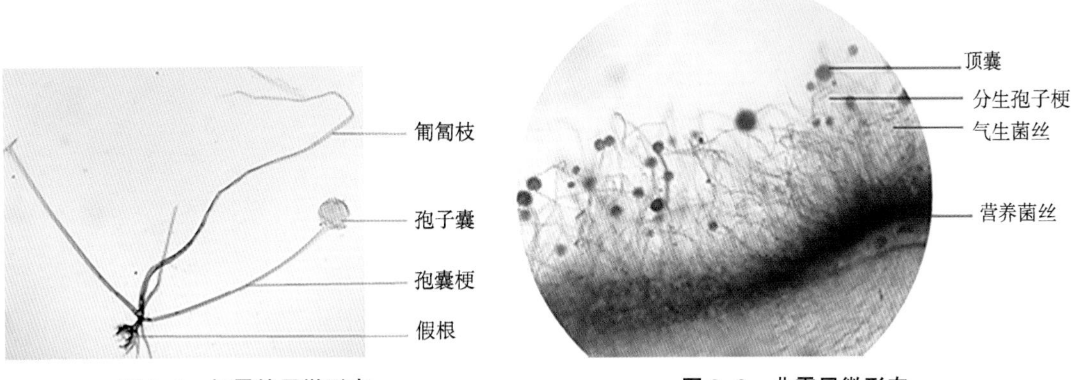

图 2-1　根霉的显微形态

图 2-2　曲霉显微形态

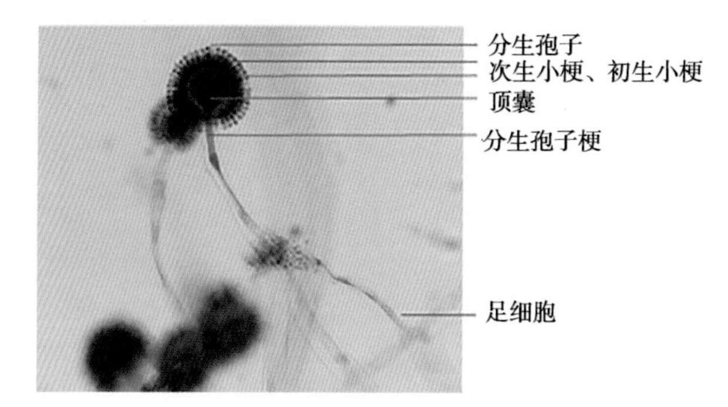

图 2-3　曲霉显微形态

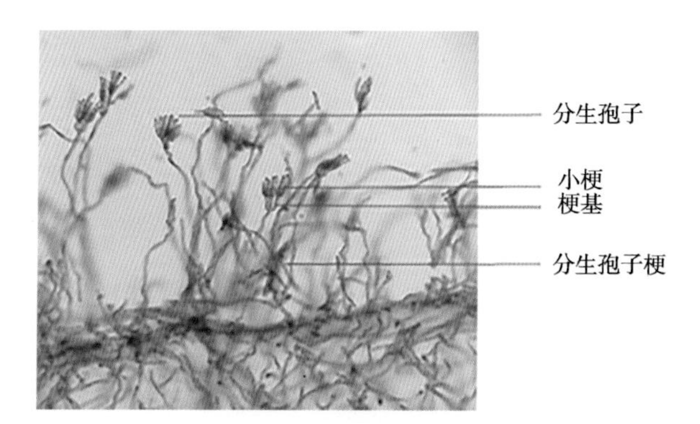

图 2-4　青霉显微形态

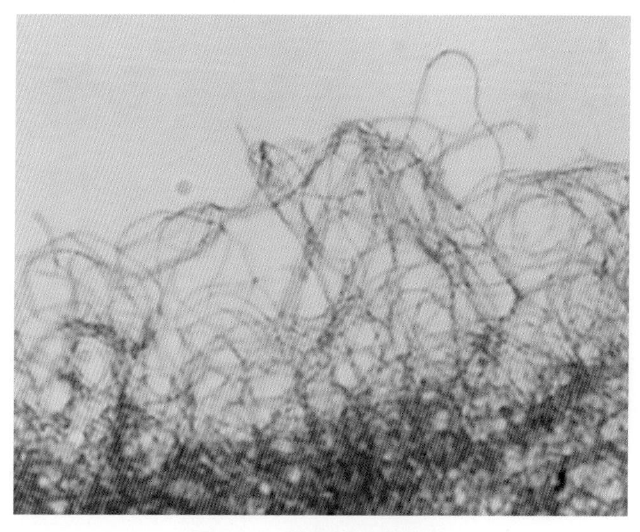

图 2-5　放线菌显微形态